4.3.5 制作宝宝成长照片模板

4.3.5 制作宝宝成长照片模板

4.4 制作个性照片

4.4.5 制作人个写真照片模板

4.5 制作综合个人秀模板

4.6 制作童话故事照片模板

5.1 制作儿童英语宣传单

5.1.5 制作平板电脑宣传单

5.3.5 制作空调宣传单

6.2 制作婴儿产品广告

6.2.5 制作手机广告

6.3 制作啤酒节广告

6.3.5 制作购物广告

6.4 制作汽车广告

6.5 制作液晶电视广告

7.1 制作五谷杂粮包装

7.1.5 制作 CD 唱片包装

7.2 制作旅游杂志封面

7.3.5 制作软土豆片包装

7.5 制作充电宝包装

8.1.5 制作商城网页

7.3 制作龙茗酒包装

7.4 制作红酒包装

8.4 制作企业网页

8.1 制作旅游网页

8.2.5 制作手机网页

8.3 制作甜品网页

"十二五"职业教育国家规划教材

经全国职业教育教材审定委员会审定

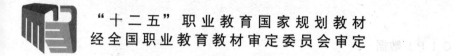

边做边学

Photoshop CS6

图像制作案例教程

徐娴 顾彬 ◎ 主编

鞠牡 刘伟 高青 ◎ 副主编

人民邮电出版社
北京

图书在版编目（CIP）数据

Photoshop CS6 图像制作案例教程 / 徐娴，顾彬主
编. -- 北京：人民邮电出版社，2015.4（2016.8重印）
（边做边学）
"十二五"职业教育国家规划教材
ISBN 978-7-115-38790-5

Ⅰ. ①P… Ⅱ. ①徐… ②顾… Ⅲ. ①图象处理软件—
高等职业教育—教材 Ⅳ. ①TP391.41

中国版本图书馆CIP数据核字(2015)第051617号

内 容 提 要

本书全面系统地介绍 Photoshop CS6 的基本操作方法和图形图像处理技巧，并对其在平面设计领域的应用进行深入的介绍，包括初识 Photoshop CS6、插画设计、卡片设计、照片模板设计、宣传单设计、广告设计、包装设计、网页设计、综合设计实训等内容。

本书内容的介绍均以课堂实训案例为主线，通过案例的操作，学生可以快速熟悉案例设计理念。书中的软件相关功能解析部分使学生能够深入学习软件功能；课堂实战演练和课后综合演练，可以拓展学生的实际应用能力。在案例实训篇中，根据 Photoshop 的各个应用领域，精心安排了专业设计公司的 5 个精彩实例，通过对这些案例进行全面的分析和详细的讲解，可以使学生更加贴近实际工作，艺术创意思维更加开阔，实际设计制作水平不断提升。本书配套光盘中包含了书中所有案例的素材及效果文件，以利于教师授课和学生练习。

本书可作为中等职业学校数字艺术类专业课程的教材，也可供相关人员学习参考。

◆ 主　编　徐 娴 顾 彬
　　副主编　鞠 牡 刘 伟 高 青
　　责任编辑　王 平
　　责任印制　杨林杰

◆ 人民邮电出版社出版发行　　北京市丰台区成寿寺路 11 号
　　邮编　100164　电子邮件　315@ptpress.com.cn
　　网址　http://www.ptpress.com.cn
　　北京鑫正大印刷有限公司印刷

◆ 开本：787×1092　1/16　　　彩插：1
　　印张：15　　　　　　　　　　2015 年 4 月第 1 版
　　字数：370 千字　　　　　　　2016 年 8 月北京第 2 次印刷

定价：39.80 元（附光盘）

读者服务热线：(010)81055256　印装质量热线：(010)81055316
反盗版热线：(010)81055315
广告经营许可证：京东工商广字第 8052 号

前　言

Photoshop 是由 Adobe 公司开发的图形图像处理和编辑软件。它功能强大、易学易用，已经成为平面设计领域最流行的软件之一。目前，我国很多中等职业学校的数字艺术类专业，都将 Photoshop 列为一门重要的专业课程。本书根据《中等职业学校专业教学标准》要求编写，邀请行业、企业专家和一线课程负责人一起，从人才培养目标、专业方案等方面做好顶层设计，明确专业课程标准，强化专业技能培养，安排教材内容；根据岗位技能要求，引入了企业真实案例，重点建设了课程配套资源库，建设了课程教学网站，通过"微课"等立体化的教学手段来支撑课堂教学。力求达到"十二五"职业教育国家规划教材的要求，提高中职学校专业技能课的教学质量。

根据现代中等职业学校的教学方向和教学特色，我们对本书的编写体系做了精心的设计。全书根据 Photoshop 在设计领域的应用方向来布置分章，每章按照"课堂学习目标－案例分析－设计理念－操作步骤－相关工具－实战演练"这一思路进行编排，力求通过课堂实训案例，使学生快速熟悉艺术设计理念和软件功能。通过软件相关功能解析，使学生深入学习软件功能和制作特色；通过课堂实战演练和课后综合演练，提高学生的实际应用能力。

在内容编写方面，力求细致全面、重点突出；在文字叙述方面，注意言简意赅、通俗易懂；在案例选取方面，强调案例的针对性和实用性。

本书配套光盘中包含了书中所有案例的素材及效果文件。另外，为方便教师教学，本书还配备了详尽的课堂实战演练和课后综合演练的操作步骤文稿、PPT 课件、教学大纲、商业实训案例文件等丰富的教学资源，任课教师可登录人民邮电出版社教学服务与资源网（www.ptpedu.com.cn）免费下载使用。本书的参考学时为 79 学时，各章的参考学时参见下面的学时分配表。

章	课 程 内 容	课 时 分 配
		实　训
第 1 章	设计及软件基础知识	6
第 2 章	插画设计	10
第 3 章	卡片设计	9
第 4 章	照片模板设计	10
第 5 章	宣传单设计	8
第 6 章	广告设计	9
第 7 章	包装设计	10
第 8 章	网页设计	8
第 9 章	综合设计实训	9
课 时 总 计		79

本书由徐娴、顾彬任主编，鞠牡、刘伟、高青任副主编，参加的编写的老师有古淑强、勒映红。由于编者水平有限，书中难免存在疏漏和不妥之处，敬请广大读者批评指正。

编　者
2014 年 11 月

目　　录

第3章 卡片设计

第5章 宣传单设计

第6章 广告设计

第8章　网页设计

第9章　综合设计实训

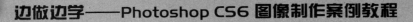

第1章 设计及软件基础知识

Photoshop 是由 Adobe 公司开发的图形/图像处理和编辑软件，是平面设计领域最流行的软件之一。本章通过对设计及软件基础知识的讲解，使读者对平面设计和软件基础有初步的认识和了解，并快速掌握软件的基础知识和基本操作方法，为以后的学习打下一个坚实的基础。

 课堂学习目标

- 了解平面设计基础知识
- 掌握工作界面的基本操作
- 掌握设置文件的基本方法
- 掌握图像的基本操作方法

1.1 平面设计基础知识

1.1.1 【基本概念】

1922 年，美国人威廉·阿迪逊·德威金斯最早提出和使用了"平面设计（graphic design）"这个词语。20 世纪 70 年代，设计艺术得到了充分的发展，"平面设计"成为国际设计界认可的术语。

平面设计是一个包含经济学、信息学、心理学、设计学等领域的创造性视觉艺术学科。它通过二维空间进行表现，通过图形、文字、色彩等元素的编排和设计来进行视觉沟通和信息传达。平面设计的形式表现和媒介使用主要是印刷或平面的。平面设计师可以利用专业知识和技术来完成创作计划。

1.1.2 【项目分类】

目前常见的平面设计项目，可以归纳为七大类：广告设计、书籍设计、刊物设计、包装设计、网页设计、标志设计和 VI 设计。

1. 广告设计

现代社会中，信息传递的速度日益加快，传播方式多种多样。广告凭借着各种信息传递媒介充斥着人们日常生活的方方面面，已成为社会生活中不可缺少的一部分。与此同时，广告艺术也凭借着异彩纷呈的表现形式、丰富多彩的内容信息以及快捷便利的传播条件，强有力地冲击着我们的视听神经。

广告的英语译文为 Advertisement，最早是从拉丁文 Adverture 演化而来的，其含义是"吸引人注意"。通俗意义上讲，广告即广而告之。不仅如此，广告还同时包含两方面的含义，从广义上讲是指向公众通知某一件事并最终达到广而告之的目的；从狭义上讲，广告主要指赢利性的广告，即广告主为了某种特定的需要，通过一定形式的媒介，耗费一定的费用，公开而广泛地向公众传递某种信息并最终从中获利的宣传手段。

广告设计是通过图像、文字、色彩、版面、图形等视觉元素，结合广告媒体的使用特征构成的艺术表现形式，是为了实现传达广告目的和意图的艺术创意设计。

平面广告的类别主要包括有 DM 直邮广告、POP 广告、杂志广告、报纸广告、招贴广告、网络广告、户外广告等。广告设计的效果如图 1-1 所示。

图 1-1

2. 书籍设计

书籍，是人类思想交流、知识传播、经验宣传、文化积累的重要依托，承载着古今中外的智慧结晶；而书籍设计的艺术领域，更是丰富多彩。

书籍装帧设计，是指从书籍文稿到成书出版的整个策划及造型设计的过程。策划和设计过程包含了印前、印中、印后对书的形态与传达效果的分析。它包括的内容很多，指开本、封面、扉页、字体、版面、插图、护封以及纸张、印刷、装订和材料的艺术设计。书籍设计属平面设计范畴。

关于书籍的分类，有许多种方法，但由于标准不同，分类也就不同。一般而言，按书籍的内容涉及的范围来分类，可分为文学艺术类、少儿动漫类、生活休闲类、人文科学类、科学技术类、经营管理类、医疗教育类等。书籍设计的效果如图 1-2 所示。

图 1-2

3. 刊物设计

作为定期出版物,刊物是登载文章、图片、歌谱等定期的或不定期的出版物,也是大众类印刷媒体之一。这种媒体形式最早出现在德国,但在当时,期刊杂志与报纸并无太大区别,随着科技发展和生活水平的不断提高,期刊杂志开始与报纸越来越不一样,其内容也愈加偏重专题、质量、深度,而非时效性。

期刊杂志的读者群体有其特定性和固定性,所以期刊杂志媒体对特定的人群更具有针对性,例如进行专业性较强的行业信息交流,正是由于这种特点,期刊杂志内容的传播效率相对比较精准。同时,由于期刊杂志大多为月刊和半月刊,注重内容质量的打造,所以比报纸的保存时间要长很多。

期刊杂志在设计时所依据的规格主要是参照杂志的样本和开本进行版面划分,其设计的艺术风格、设计元素和设计色彩都要和刊物本身的定位相呼应。由于期刊杂志一般会选用质量较好的纸张进行印刷,所以图片印刷质量高、细腻光滑,画面图像的印刷工艺精美、还原效果好、视觉形象清晰。

期刊杂志类媒体分为消费者期刊杂志、专业性期刊杂志、行业性期刊杂志等不同类别。具体包括财经杂志、IT杂志、动漫杂志、家居杂志、健康杂志、教育杂志、旅游杂志、美食杂志、汽车杂志、人物杂志、时尚杂志、数码杂志等。刊物设计的效果如图1-3所示。

图1-3

4. 包装设计

包装设计是艺术设计与科学技术相结合的设计,是技术、艺术、设计、材料、经济、管理、心理、市场等多功能综合要素的体现,是多学科融会贯通的一门综合学科。

包装设计的广义概念,是指包装的整体策划工程,其主要内容包括包装方法的设计、包装材料的设计、视觉传达设计、包装机械的设计与应用、包装试验、包装成本的设计及包装的管理等。

包装设计的狭义概念,是指选用适合商品的包装材料,运用巧妙的制造工艺手段,为商品进行的容器结构功能化设计和形象化视觉造型设计,使之利于整合容纳、保护产品、方便储运、优化形象、传达属性和促进销售之功效。

包装设计按商品内容分类,可以分为日用品包装、食品包装、烟酒包装、化妆品包装、医药包装、文体包装、工艺品包装、化学品包装、五金家电包装、纺织品包装、儿童玩具包装、土特产包装等。包装设计的效果如图1-4所示。

图 1-4

5. 网页设计

网页设计是根据网站所要表达的主旨，将网站信息进行整合归纳后，进行的版面编排和美化设计。通过网页设计，让网页信息更有条理，页面更具有美感，从而提高网页的信息传达和阅读效率。对于网页设计者来说，要掌握平面设计的基础理论和设计技巧，熟悉网页配色、网站风格、网页制作技术等网页设计知识，创造出符合项目设计需求的艺术化和人性化的网页。

根据网页的不同属性，可将网页分为商业性网页、综合性网页、娱乐性网页、文化性网页、行业性网页、区域性网页等类型。网页设计的效果如图 1-5 所示。

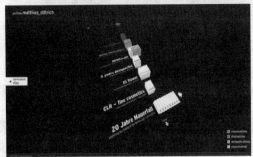

图 1-5

6. 标志设计

标志是具有象征意义的视觉符号。它借助图形和文字的巧妙设计组合，艺术地传递出某种信息，表达某种特殊的含义。标志设计是将具体的事物和抽象的精神通过特定的图形和符号固定下来，使人们在看到标志的同时，自然地产生联想，从而对企业产生认同。对于一个企业而言，标志渗透到了企业运营的各个环节，如日常经营活动、广告宣传、对外交流、文化建设等。作为企业的无形资产，它的价值随同企业的增值不断累积壮大。

标志按功能分类，可以分为政府标志、机构标志、城市标志、商业标志、纪念标志、文化标志、环境标志、交通标志等。标志设计的效果如图1-6所示。

图1-6

7. VI 设计

VI（Visual Identity）设计即企业视觉识别，企业视觉识别是指以建立企业的理念识别为基础，将企业理念、企业使命、企业价值观经营概念变为静态的具体识别符号，并进行具体化、视觉化的传播。具体指通过各种媒体将企业形象广告、标志、产品包装等有计划地传递给社会公众，树立企业整体统一的识别形象。

VI 是 CI 中项目最多、层面最广、效果最直接的向社会传递信息的部分，最具有传播力和感染力，也最容易被公众所接受，短期内获得影响也最明显。社会公众可以一目了然地掌握企业的信息，产生认同感，进而达到企业识别的目的。VI 能使企业及产品在市场中获得较强的竞争力。

VI 视觉识别主要由两大部分组成，即基础识别部分和应用识别部分。其中，基础识别部分主要包括企业标志设计、标准字体与印刷专用字体设计、色彩系统设计、辅助图形、品牌角色（吉祥物）等；应用识别部分包括办公系统、标识系统、广告系统、旗帜系统、服饰系统、交通系列、展示系统等。VI 视觉识别设计效果如图1-7所示。

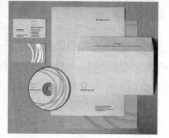

图1-7

图 1-7（续）

1.1.3 【基本要素】

平面设计作品的基本要素主要包括图形、文字及色彩 3 个要素，这 3 个要素的组合组成了一组完整的平面设计作品。每个要素在平面设计作品中都起到了举足轻重的作用，3 个要素之间的相互影响和各种不同变化都会使平面设计作品产生更加丰富的视觉效果。

1. 图形

通常，人们在阅读一则平面设计作品的时候，首先注意到的是图片，其次是标题，最后才是正文。如果说标题和正文作为符号化的文字受地域和语言背景限制的话，那么图形信息的传递则不受国家、民族、种族语言的限制，它是一种通行于世界的语言，具有广泛的传播性。因此，图形创意策划的选择直接关系到平面设计作品的成败。图形的设计也是整个设计内容最直观的体现，它最大限度地表现了作品的主题和内涵，其效果如图 1-8 所示。

图 1-8

2. 文字

文字是最基本的信息传递符号。在平面设计工作中，相对于图形而言，文字的设计安排也占有相当重要的地位，是体现内容传播功能最直接的形式。在平面设计作品中，文字的字体造型和构图编排恰当与否都直接影响到作品的诉求效果和视觉表现力，其效果如图 1-9 所示。

图 1-9

3. 色彩

平面设计作品给人的整体感受取决于作品画面的整体色彩。色彩作为平面设计组成的重要因素之一，它的色调与搭配受宣传主题、企业形象、推广地域等因素的共同影响。因此，在平面设计中要考虑消费者对颜色的一些固定心理感受以及相关的地域文化。色彩的效果如图 1-10 所示。

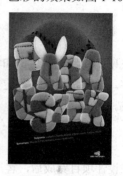

图 1-10

1.1.4 【工作流程】

平面设计的工作流程是一个有明确目标、有正确理念、有负责态度、有周密计划、有清晰步骤、有具体方法的工作过程，好的设计作品都是在完美的工作流程中产生的。

1. 信息交流

客户提出设计项目的构想和工作要求，并提供项目相关文本和图片资料，包括公司介绍、项目描述、基本要求等。

2. 调研分析

根据客户提出的设计构想和要求，运用客户的相关文本和图片资料，对客户的设计需求进行分析，并对客户同行业或同类型的设计产品进行市场调研。

3. 草稿讨论

根据已经做好的分析和调研，组织设计团队，依据创意构想设计出项目的创意草稿并制作出样稿。拜访客户，双方就设计的草稿内容进行沟通讨论；就双方的设想，根据需要补充相关资料，达成设计构想上的共识。

4. 签订合同

在双方就设计草稿达成共识后，双方确认设计的具体细节、设计报价和完成时间，双方签订《设计协议书》，客户支付项目预付款，设计工作正式展开。

5. 提案讨论

设计师团队根据前期的市场调研和客户需求，结合双方草稿讨论的意见，开始设计方案的策划、设计和制作工作，一般要完成 3 个设计方案，提交给客户选择；拜访客户，与客户开会讨论提案，客户根据提案作品，提出修改建议。

6. 修改完善

根据提案会议的讨论内容和修改意见，设计师团队对客户基本满意的方案进行修改调整，进一步完善整体设计，并提交客户进行确认，对客户提出的细节修改进行更细致的调整，使方案顺利完成。

7. 验收完成

在设计项目完成后，和客户一起对完成的设计项目进行验收，并由客户在设计合格确认书上签字。客户按协议书规定支付项目设计余款，设计方将项目制作文件提交客户，整个项目执行完成。

8. 后期制作

在设计项目完成后，客户可能需要设计方进行设计项目的印刷包装等后期制作工作。如果设计方承接了后期制作工作，需要和客户签订详细的后期制作合同，并执行好后期的制作工作，给客户提供满意的印刷和包装成品。

1.2 界面操作

1.2.1 【操作目的】

通过打开文件命令熟悉菜单栏的操作，通过选择需要的图层了解面板的使用方法，通过新建文件和保存文件熟悉快捷键的应用技巧，通过移动图像掌握工具箱中工具的使用方法。

1.2.2 【操作步骤】

步骤 1 打开 Photoshop 软件，选择"文件 > 打开"命令，弹出"打开"对话框。选择光盘中的"Ch01 > 素材 > 01"文件，单击"打开"按钮打开文件，如图 1-11 所示，显示 Photoshop 的软件界面。

步骤 2 在右侧的"图层"控制面板中单击"花"图层，如图 1-12 所示。按 Ctrl+N 组合键弹出"新建"对话框，对话框中各选项的设置如图 1-13 所示。单击"确定"按钮新建文件，如图 1-14 所示。

图 1-11　　　　　　　　　　　　　　　　图 1-12

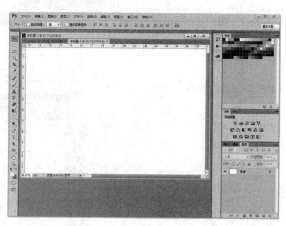

图 1-13　　　　　　　　　　　　　　　图 1-14

步骤 ③　单击"未标题－1"的标题栏，按住鼠标左键不放，将图像窗口拖曳到适当的位置，如图 1-15 所示。单击"01"的标题栏，使其变为活动窗口，如图 1-16 所示。

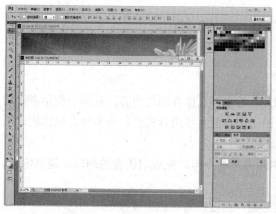

图 1-15　　　　　　　　　　　　　　　图 1-16

步骤 ④　选择左侧工具箱中的"移动"工具，将图层中的图像从"01"图像窗口拖曳到新建的图像窗口中，如图 1-17 所示。释放鼠标，效果如图 1-18 所示。

步骤 ⑤　按 Ctrl+S 组合键弹出"存储为"对话框，在其中选择文件需要存储的位置并设置文件名，如图 1-19 所示。单击"保存"按钮，弹出提示对话框，单击"确定"按钮保存文件。此时标题栏显示保存后的名称，如图 1-20 所示。

图 1-17

图 1-18

图 1-19

图 1-20

1.2.3 【相关工具】

1. 菜单栏及其快捷方式

熟悉工作界面是学习 Photoshop CS6 的基础。熟练掌握工作界面的内容，有助于初学者日后得心应手地使用 Photoshop CS6。Photoshop CS6 的工作界面主要由标题栏、菜单栏、属性栏、工具箱、控制面板和状态栏组成，如图 1-21 所示。

菜单栏：菜单栏中共包含 10 个菜单命令。利用菜单命令可以完成对图像的编辑、调整色彩、添加滤镜效果等操作。

属性栏：属性栏是工具箱中各个工具的功能扩展。通过在属性栏中设置不同的选项，可以快速地完成多样化的操作。

工具箱：工具箱中包含了多个工具。利用不同的工具可以完成对图像的绘制、观察、测量等操作。

控制面板：控制面板是 Photoshop CS6 的重要组成部分。通过不同的功能面板可以完成图像中的填充颜色、设置图层、添加样式等操作。

状态栏：状态栏可以提供当前文件的显示比例、文档大小、当前工具、暂存盘大小等信息。

菜单栏

属性栏

工具箱

状态栏

控制面板

浮动面板

图 1-21

◎ 菜单分类

Photoshop CS6 的菜单栏中包括"文件"菜单、"编辑"菜单、"图像"菜单、"图层"菜单、"文字"菜单、"选择"菜单、"滤镜"菜单、"视图"菜单、"窗口"菜单及"帮助"菜单，如图 1-22 所示。

文件(F) 编辑(E) 图像(I) 图层(L) 文字(Y) 选择(S) 滤镜(T) 视图(V) 窗口(W) 帮助(H)

图 1-22

"文件"菜单：包含了各种文件操作命令；"编辑"菜单：包含了各种编辑文件的操作命令；"图像"菜单：包含了各种改变图像大小、颜色等的操作命令；"图层"菜单：包含了各种调整图像中图层的操作命令；"文字"菜单：包含了各种对文字的编辑和调整功能；"选择"菜单：包含了各种关于选区的操作命令；"滤镜"菜单：包含了各种添加滤镜效果的操作命令；"视图"菜单：包含了各种对视图进行设置的操作命令；"窗口"菜单：包含了各种显示或隐藏控制面板的命令；"帮助"菜单：包含了各种帮助信息。

◎ 菜单命令的不同状态

子菜单命令：有些菜单命令中包含了更多相关的菜单命令，包含子菜单的菜单命令的右侧会显示黑色的三角形▶，单击这种菜单命令就会显示出其子菜单，如图 1-23 所示。

不可执行的菜单命令：当菜单命令不符合运行的条件时，就会显示为灰色，即不可执行状态。例如，在 CMYK 模式下，"滤镜"菜单中的部分菜单命令将变为灰色，不能使用。

可弹出对话框的菜单命令：当菜单命令后面显示有省略号"…"时，如图 1-24 所示，单击此菜单命令，就会弹出相应的对话框，在此对话框中可以进行相应的设置。

◎ 按操作习惯存储或显示菜单

在 Photoshop CS6 中，用户可以根据操作习惯存储自定义的工作区。设置好工作区后，选择

"窗口 > 工作区 > 存储工作区"命令，即可将工作区存储。

用户可以根据不同的工作类型，突出显示菜单中的命令。选择"窗口 > 工作区 > 画笔"命令，在打开的软件右侧会弹出绘画操作需要的相关面板。应用命令前后的菜单对比效果如图 1-25 和图 1-26 所示。

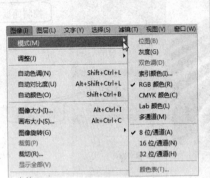

图 1-23

图 1-24

图 1-25

图 1-26

◎ 显示或隐藏菜单命令

用户可以根据操作需要隐藏或显示指定的菜单命令。不经常使用的菜单命令可以暂时隐藏。选择"编辑 > 菜单"命令，弹出"键盘快捷键和菜单"对话框，如图 1-27 所示。

在"菜单"选项卡中，单击"应用程序菜单命令"选项中命令左侧的三角形按钮▷，将展开详细的菜单命令，如图 1-28 所示。单击"可见性"选项下方的眼睛图标👁，将其相对应的菜单命令进行隐藏，如图 1-29 所示。

图 1-27

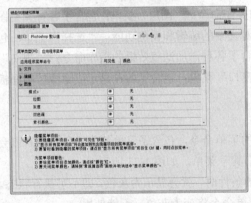

图 1-28

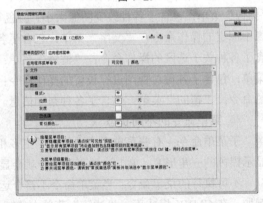

图 1-29

设置完成后，单击"存储对当前菜单组的所有更改"按钮💾，保存当前的设置。也可单击"根据当前菜单组创建一个新组"按钮，将当前的修改创建为一个新组。隐藏应用程序菜单命令前后的菜单效果如图 1-30 和图 1-31 所示。

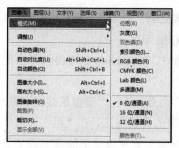 

图 1-30　　　　　　　　　　　图 1-31

◎ 突出显示菜单命令

为了突出显示需要的菜单命令，可以为其设置颜色。选择"窗口 > 工作区 > 键盘快捷键和菜单"命令，弹出"键盘快捷键和菜单"对话框，在要突出显示的菜单命令后面单击"无"，在弹出的下拉列表中可以选择需要的颜色标注命令，如图 1-32 所示。可以为不同的菜单命令设置不同的颜色，如图 1-33 所示。设置颜色后，菜单命令的效果如图 1-34 所示。

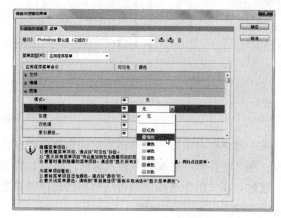

图 1-32

 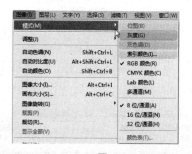

图 1-33　　　　　　　　　　　图 1-34

 提　示　如果要暂时取消显示菜单命令的颜色，可以选择"编辑 > 首选项 > 常规"命令，在弹出的对话框中选择"界面"选项，然后取消勾选"显示菜单颜色"复选项即可。

◎ 键盘快捷方式

使用键盘快捷方式：当要选择命令时，可以使用菜单命令旁标注的快捷键。例如，要选择"文件 > 打开"命令，直接按 Ctrl+O 组合键即可。

按住 Alt 键的同时，按菜单栏中文字后面带括号的字母，可以打开相应的菜单，再按菜单命令中的带括号的字母，即可执行相应的命令。例如，要选择"选择"命令，按 Alt+S 组合键即可弹出菜单，要想选择其中的"色彩范围"命令，再按 C 键即可。

自定义键盘快捷方式：为了更方便地使用常用的命令，Photoshop CS6 提供了自定义键盘快捷方式和保存键盘快捷方式的功能。

选择菜单"窗口 > 工作区 > 键盘快捷键和菜单"命令，弹出"键盘快捷键和菜单"对话框，如图 1-35 所示。在对话框下面的信息栏中说明了快捷键的设置方法，在"组"选项中可以选择要设置快捷键的组合；在"快捷键用于"选项中可以选择需要设置快捷键的菜单或工具；在下面的选项窗口中可选择需要设置的命令或工具进行设置，如图 1-36 所示。

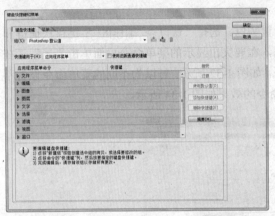
图 1-35

图 1-36

设置新的快捷键后，单击对话框右上方的"根据当前的快捷键组创建一组新的快捷键"按钮，弹出"存储"对话框，在"文件名"文本框中输入名称，如图 1-37 所示，单击"保存"按钮则存储新的快捷键设置。这时，在"组"选项中即可选择新的快捷键设置，如图 1-38 所示。

图 1-37

图 1-38

更改快捷键设置后，需要单击"存储对当前快捷键组的所有更改"按钮对设置进行存储，单击"确定"按钮，应用更改的快捷键设置。要将快捷键的设置删除，可以在对话框中单击"删除当前的快捷键组合"按钮🗑，将快捷键的设置删除，Photoshop CS6 会自动还原为默认设置。在为控制面板或应用程序菜单中的命令定义快捷键时，这些快捷键必须包括 Ctrl 键或一个功能键。在为工具箱中的工具定义快捷键时，必须使用 A 至 Z 之间的字母。

2. 工具箱

Photoshop CS6 的工具箱中包括选择工具、绘图工具、填充工具、编辑工具、颜色选择工具、屏幕视图工具、快速蒙版工具等，如图 1-39 所示。要了解每个工具的具体名称，可以将鼠标指针放置在具体工具的上方，此时会出现一个黄色的图标，上面会显示该工具的具体名称，如图 1-40 所示。工具名称后面括号中的字母代表选择此工具的快捷键，只要在键盘上按该字母，就可以快速切换到相应的工具上。

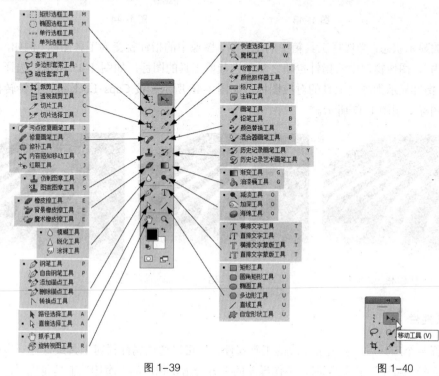

图 1-39　　　　　　　　　　　　　　　　　图 1-40

切换工具箱的显示状态：Photoshop CS6 的工具箱可以根据需要在单栏与双栏之间自由切换。当工具箱显示为双栏时，如图 1-41 所示，单击工具箱上方的双箭头图标 ◀◀，工具箱即可转换为单栏，节省工作空间，如图 1-42 所示。

图 1-41　　　　　　　　　　　　　　　　　图 1-42

显示隐藏工具箱：在工具箱中，部分工具图标的右下方有一个黑色的三角形按钮 ◢，表示在该工具下还有隐藏的工具。用鼠标在工具箱中的三角形按钮上单击并按住鼠标不放，弹出隐藏工具选项，如图 1-43 所示，将鼠标指针移动到需要的工具按钮上，即可选择该工具。

恢复工具箱的默认设置：要想恢复工具默认的设置，可以选择该工具，在相应的工具属性栏中，用鼠标右键单击工具图标，在弹出的快捷菜单中选择"复位工具"命令，如图 1-44 所示。

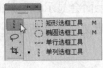

图 1-43   图 1-44

指针的显示状态：当选择工具箱中的工具后，图像中的指针就变为工具图标。例如，选择"裁剪"工具 ◢，图像窗口中的指针也随之显示为裁剪工具的图标，如图 1-45 所示。选择"画笔"工具 ◢，指针显示为画笔工具的对应图标，如图 1-46 所示。按 Caps Lock 键，指针转换为精确的十字形图标，如图 1-47 所示。

图 1-45   图 1-46   图 1-47

3. 属性栏

当选择某个工具后，会出现相应的工具属性栏，可以通过属性栏对工具进行进一步的设置。例如，当选择"魔棒"工具 ◢ 时，工作界面的上方会出现相应的"魔棒"工具属性栏，可以应用属性栏中的各个命令对工具做进一步的设置，如图 1-48 所示。

图 1-48

4. 状态栏

打开一幅图像时，图像的下方会出现该图像的状态栏，如图 1-49 所示。

图 1-49

状态栏的左侧显示当前图像缩放显示的百分数。在显示区的文本框中输入数值可以改变图像窗口的显示比例。

在状态栏的中间部分显示当前图像的文件信息，单击三角形按钮 ▶，在弹出的子菜单中可以选择当前图像的相关信息，如图 1-50 所示。

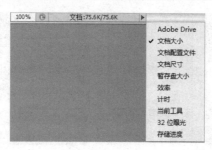

图 1-50

5. 控制面板

控制面板是处理图像时另一个不可或缺的部分。Photoshop CS6 为用户提供了多个控制面板组。

收缩与扩展控制面板：控制面板可以根据需要进行伸缩，面板的展开状态如图 1-51 所示。单击控制面板上方的双箭头图标 ，可以将控制面板收缩，如图 1-52 所示。如果要展开某个控制面板，可以直接单击其名称选项卡，相应的控制面板会自动弹出，如图 1-53 所示。

图 1-51

图 1-52

图 1-53

拆分控制面板：若需单独拆分出某个控制面板，可用鼠标选中该控制面板的选项卡并向工作区拖曳，如图 1-54 所示，选中的控制面板将被单独地拆分出来，如图 1-55 所示。

图 1-54   图 1-55

组合控制面板：可以根据需要将两个或多个控制面板组合到一个面板组中，这样可以节省操作的空间。要组合控制面板，可以选中外部控制面板的选项卡，用鼠标将其拖曳到要组合的面板组中，面板组周围出现蓝色的边框，如图 1-56 所示，此时释放鼠标，控制面板将被组合到面板组中，如图 1-57 所示。

控制面板弹出式菜单：单击控制面板右上方的▼≡图标，可以弹出控制面板的相关命令菜单，应用这些菜单可以提高控制面板的功能性，如图 1-58 所示。

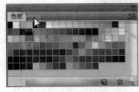   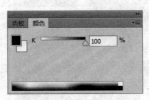   

图 1-56   图 1-57   图 1-58

隐藏与显示控制面板：按 Tab 键，可以隐藏工具箱和控制面板；再次按 Tab 键，可显示出隐藏的部分。按 Shift+Tab 组合键，可以隐藏控制面板；再次按 Shift+Tab 组合键，可显示出隐藏的部分。

 提 示   按 F6 键可以显示或隐藏"颜色"控制面板，按 F7 键显示或隐藏"图层"控制面板，按 F8 键显示或隐藏"信息"控制面板。按住 Alt 键的同时，单击控制面板上方的最小化按钮 ▬，将只显示面板的标签。

自定义工作区：用户可以依据操作习惯自定义工作区、存储控制面板及设置工具的排列方式，从而设计出个性化的 Photoshop CS6 界面。

设置工作区后，选择"窗口 > 工作区 > 新建工作区"命令，弹出"新建工作区"对话框，输入工作区名称，如图 1-59 所示，单击"存储"按钮，即可将自定义的工作区进行存储。

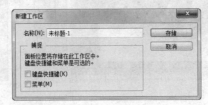

图 1-59

使用自定义工作区时，在"窗口 > 工作区"的子菜单中选择新保存的工作区名称。如果要再恢复使用 Photoshop CS6 默认的工作区状态，可以选择"窗口 > 工作区 > 删除工作区"命令，可以删除自定义的工作区。

1.3 文件设置

1.3.1 【操作目的】

通过打开文件熟练掌握"打开"命令，通过复制图像到新建的文件中熟练掌握"新建"命令，通过关闭新建的文件熟练掌握"保存"和"关闭"命令。

1.3.2 【操作步骤】

步骤 1 打开 Photoshop 软件，选择"文件 > 打开"命令，弹出"打开"对话框，如图 1-60 所示。选择光盘中的"Ch01 > 素材 > 02"文件，单击"打开"按钮打开文件，如图 1-61 所示。

步骤 2 在右侧的"图层"控制面板中单击"girl"图层，如图 1-62 所示。按 Ctrl+A 组合键全选图像，如图 1-63 所示。按 Ctrl+C 组合键复制图像。

图 1-60

图 1-61

图 1-62

图 1-63

步骤 3 选择"文件 > 新建"命令，弹出"新建"对话框，选项的设置如图 1-64 所示，单击"确定"按钮新建文件。按 Ctrl+V 组合键将复制的图像粘贴到新建的图像窗口中，如图 1-65 所示。

图 1-64   图 1-65

步骤 4 单击"电脑"图像窗口标题栏右上角的"关闭"按钮，弹出提示对话框，如图 1-66 所示。单击"是"按钮，弹出"存储为"对话框，在其中选择要保存的位置、格式和名称，如图 1-67 所示。单击"保存"按钮，弹出"Photoshop 格式选项"对话框，如图 1-68 所示，单击"确定"按钮保存文件，同时关闭图像窗口中的文件。

图 1-66

图 1-67   图 1-68

步骤 5 单击"02"图像窗口标题栏右上角的"关闭"按钮，关闭打开的"02"文件。单击软件窗口标题栏右侧的"关闭"按钮可关闭软件。

1.3.3 【相关工具】

1. 新建图像

选择"文件 > 新建"命令或按 Ctrl+N 组合键，弹出"新建"对话框，如图 1-69 所示。在对话框中可以设置新建图像的文件名、图像的宽度和高度、分辨率、颜色模式等选项，设置完成后单击"确定"按钮，即可完成新建图像，如图 1-70 所示。

图 1-69

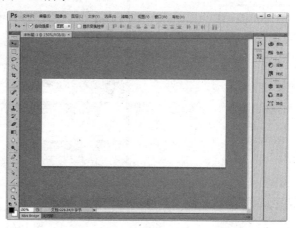

图 1-70

2. 打开图像

如果要对图片进行修改和处理，要在 Photoshop CS6 中打开需要的图像。

选择"文件 > 打开"命令或按 Ctrl+O 组合键，弹出"打开"对话框，在其中选择查找范围和文件，确认文件类型和名称，通过 Photoshop CS6 提供的预览缩略图选择文件，如图 1-71 所示。然后单击"打开"按钮或直接双击文件，即可打开所指定的图像文件，如图 1-72 所示。

提 示　在"打开"对话框中也可以一次同时打开多个文件，只要在文件列表中将所需的几个文件选中，并单击"打开"按钮。在"打开"对话框中选择文件时，按住 Ctrl 键的同时，单击文件，可以选择不连续的多个文件。按住 Shift 键的同时，单击文件，可以选择连续的多个文件。

图 1-71

图 1-72

3. 保存图像

编辑和制作完图像后，就需要将图像进行保存，以便于下次打开继续进行操作。

选择"文件 > 存储"命令或按 Ctrl+S 组合键，可以存储文件。当设计好的作品第一次进行存储时，选择"文件 > 存储"命令，将弹出"存储为"对话框，如图 1-73 所示。在对话框中输入文件名、选择文件格式后，单击"保存"按钮即可。

图 1-73

 提 示　　当对已存储过的图像文件进行各种编辑操作后，选择"存储"命令，将不弹出"存储为"对话框，系统直接保存最终确认的结果，并覆盖原始文件。

4. 图像格式

当用 Photoshop CS6 制作或处理好一幅图像后，就要进行存储。这时，选择一种合适的文件格式就显得十分重要。Photoshop CS6 中有 20 多种文件格式可供选择，在这些文件格式中既有 Photoshop CS6 的专用格式，也有用于应用程序交换的文件格式，还有一些比较特殊的格式。

◎ PSD 格式和 PDD 格式

PSD 格式和 PDD 格式是 Photoshop CS6 自身的专用文件格式，能够支持从线图到 CMYK 的所有图像类型，但由于在一些图形处理软件中没有得到很好的支持，因此其通用性不强。PSD 格式和 PDD 格式能够保存图像数据的细小部分，如图层、附加的通道等 Photoshop CS6 对图像进行特殊处理的信息。在最终决定图像的存储格式前，最好先以这两种格式存储。另外，Photoshop CS6 打开和存储这两种格式的文件比其他格式更快。但是这两种格式也有缺点，即它们所存储的图像文件所占用的存储空间较大。

◎ TIF 格式

TIF 格式是标签图像格式。TIF 格式对于色彩通道图像来说是最有用的格式，具有很强的可移植性，它可以用于 PC、Macintosh 以及 UNIX 工作站三大平台。用 TIF 格式存储图像时应考虑到文件的大小，因为 TIF 格式的结构要比其他格式更复杂。TIF 格式支持 24 个通道，能存储多于 4 个通道的文件格式。TIF 格式还允许使用 Photoshop 中的复杂工具和滤镜特效。TIF 格式非常适合于印刷和输出。

◎ BMP 格式

BMP 格式可以用于绝大多数 Windows 下的应用程序。BMP 格式使用索引色彩，它的图像具有极其丰富的色彩，并可以使用 16MB 色彩渲染图像。BMP 格式能够存储黑白图、灰度图和 16MB 色彩的 RGB 图像等。此格式一般在多媒体演示、视频输出等情况下使用，但不能在 Macintosh 程序中使用。在存储 BMP 格式的图像文件时，还可以进行无损失压缩，能节省磁盘空间。

◎ **GIF 格式**

（GIF）Graphics Interchange Format 格式的图像文件所占的存储空间较小，它形成一种压缩的 8 bit 图像文件。正因为这样，一般用这种格式的文件来缩短图形的加载时间。如果在网络中传送图像文件，GIF 格式的图像文件的传送速度要比其他格式的图像文件快得多。

◎ **JPEG 格式**

（JPEG）Joint Photographic Experts Group 中文意思为"联合图片专家组"。JPEG 格式既是 Photoshop CS6 支持的一种文件格式，也是一种压缩方案，它是 Macintosh 上常用的一种存储类型。JPEG 格式是压缩格式中的"佼佼者"，与 TIF 格式采用的无损压缩相比，它的压缩比例更大。但它使用的有损压缩会丢失部分数据，用户可以在存储前选择图像的最后质量，从而控制数据的损失程度。

◎ **EPS 格式**

（EPS)Encapsulated Post Script 格式是 Illustrator 和 Photoshop 之间可交换的文件格式。Illustrator 软件制作出来的流动曲线、简单图形和专业图像一般都存储为 EPS 格式，Photoshop 可以获取这种格式的文件。在 Photoshop CS6 中也可以把其他图形文件存储为 EPS 格式，以便在排版类的 PageMaker 和绘图类的 Illustrator 等其他软件中使用。

◎ **选择合适的图像文件存储格式**

用户可以根据工作任务的需要选择合适的图像文件存储格式，下面就根据图像的不同用途介绍应该选择的图像文件存储格式。

用于印刷：TIF 格式、EPS 格式。

出版物：PDF 格式。

Internet 中的图像：GIF 格式、JPEG 格式、PNG 格式。

用于 Photoshop 工作：PSD 格式、PDD 格式、TIF 格式。

5. 关闭图像

将图像进行存储后，可以将其关闭。选择"文件 > 关闭"命令或按 Ctrl+W 组合键，可以关闭文件。关闭图像时，若当前文件被修改过或是新建文件，则会弹出提示框，如图 1-74 所示，单击"是"按钮即可存储并关闭图像。

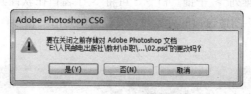

图 1-74

1.4 图像操作

1.4.1 【操作目的】

通过将窗口水平平铺命令掌握窗口排列的方法，通过缩小文件和适合窗口大小显示命令掌握图像的显示方式。

中等职业教育数字艺术类规划教材

1.4.2 【操作步骤】

步骤 `1` 打开光盘中的"Ch01 > 素材 > 03"文件，如图 1-75 所示。新建 2 个文件，并分别将小女孩和心形图像复制到新建的文件中，如图 1-76 和图 1-77 所示。

图 1-75

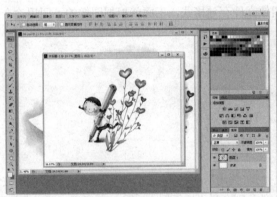

图 1-76

图 1-77

步骤 `2` 选择"窗口 > 排列 > 平铺"命令，可将 3 个窗口在软件界面中水平排列显示，如图 1-78 所示。单击"03"图像窗口的标题栏，窗口显示为活动窗口，如图 1-79 所示。按 Ctrl+D 组合键取消选区。

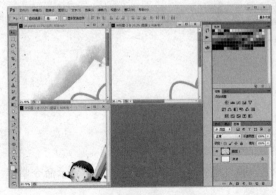

图 1-78

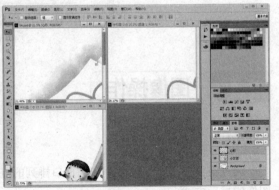

图 1-79

步骤 3 选择"缩放"工具 🔍，按住 Alt 键的同时在图像窗口中单击，使图像缩小，如图 1-80 所示。按住 Alt 键不放，在图像窗口中多次单击直到适当的大小，如图 1-81 所示。

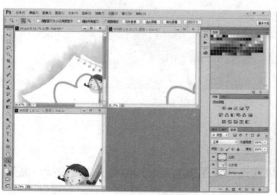
图 1-80

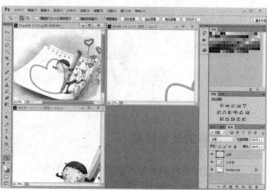
图 1-81

步骤 4 单击"未标题 1"图像窗口的标题栏，窗口显示为活动窗口，如图 1-82 所示。双击"抓手"工具 ✋，将图像调整为适合窗口大小显示，如图 1-83 所示。

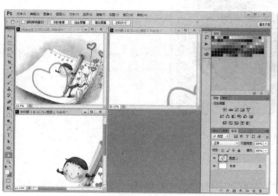
图 1-82

图 1-83

1.4.3 【相关工具】

1. 图像的分辨率

在 Photoshop CS6 中，图像中每单位长度上的像素数目称为图像的分辨率，其单位为像素/英寸或像素/厘米。

在相同尺寸的两幅图像中，高分辨率的图像包含的像素比低分辨率的图像包含的像素多。例如，一幅尺寸为 1 厘米×1 厘米的图像，其分辨率为 72 像素/厘米，则这幅图像包含 5 184 个像素（72×72＝5184）。同样尺寸，分辨率为 300 像素/厘米的图像，它包含 90 000 个像素。相同尺寸下，分辨率为 72 像素/厘米的图像效果如图 1-84 所示，分辨率为 10 像素/厘米的图像效果如图 1-85 所示。由此可见，在相同尺寸下，高分辨率的图像将能更清晰地表现图像内容。

 提 示 如果一幅图像中所包含的像素数是固定的，那么增加图像尺寸后会降低图像的分辨率。

中等职业教育数字艺术类规划教材

图 1-84

图 1-85

2. 图像的显示效果

使用 Photoshop CS6 编辑和处理图像时，可以通过改变图像的显示比例使工作更便捷、高效。

◎ 100%显示图像

100%显示图像，如图 1-86 所示。在此状态下可以对文件进行精确的编辑。

图 1-86

◎ 放大显示图像

选择"缩放"工具，在图像中鼠标指针变为放大图标，每单击一次鼠标，图像就会放大 1 倍。当图像以 100%的比例显示时，在图像窗口中单击 1 次，图像则以 200%的比例显示，效果如图 1-87 所示。

当要放大一个指定的区域时，选择放大工具，选中需要放大的区域，按住鼠标左键不放，选中的区域会放大显示并填满图像窗口，如图 1-88 所示。

图 1-87

图 1-88

按 Ctrl++组合键可逐次放大图像，如从 100%的显示比例放大到 200%、300%直至 400%。

◎ 缩小显示图像

　　缩小显示图像一方面可以用有限的界面空间显示出更多的图像，另一方面可以看到一个较大图像的全貌。

　　选择"缩放"工具 ，在图像中鼠标指针变为放大工具图标 ，按住 Alt 键不放，鼠标指针变为缩小工具图标 。每单击一次鼠标，图像将缩小显示一级。图像的原始效果如图 1-89 所示，缩小显示后的效果如图 1-90 所示。按 Ctrl+—组合键可逐次缩小图像。

图 1-89

图 1-90

　　也可在缩放工具属性栏中选择"缩小"工具按钮 ，如图 1-91 所示，此时鼠标指针变为缩小工具图标 ，每单击一次鼠标，图像将缩小显示一级。

图 1-91

◎ 全屏显示图像

　　如果要将图像的窗口放大填满整个屏幕，可以在缩放工具的属性栏中单击"适合屏幕"按钮 适合屏幕 ，再勾选"调整窗口大小以满屏显示"复选框，如图 1-92 所示。这样在放大图像时，窗口就会和屏幕的尺寸相适应，效果如图 1-93 所示。单击"实际像素"按钮 实际像素 ，图像将以实际像素比例显示。单击"填充屏幕"按钮 填充屏幕 ，将缩放图像以适合屏幕。单击"打印尺寸"按钮 打印尺寸 ，图像将以打印分辨率显示。

图 1-92

图 1-93

◎ 图像窗口显示

当打开多个图像文件时，会出现多个图像文件窗口，这就需要对窗口进行布置和摆放。

同时打开多幅图像，效果如图 1-94 所示。按 Tab 键关闭操作界面中的工具箱和控制面板，如图 1-95 所示。

选择"窗口 > 排列 > 全部垂直拼贴"命令，图像的排列效果如图 1-96 所示。选择"窗口 > 排列 > 全部水平拼贴"命令，图像的排列效果如图 1-97 所示。

图 1-94

图 1-95

图 1-96

图 1-97

3. 图像尺寸的调整

打开一幅图像，选择"图像 > 图像大小"命令，弹出"图像大小"对话框，如图 1-98 所示。

像素大小：通过改变"宽度"和"高度"选项的数值，改变图像在屏幕上显示的大小，图像的尺寸也相应地改变。文档大小：通过改变"宽度""高度"和"分辨率"选项的数值，改变图像的文档大小，图像的尺寸也相应地改变。约束比例：选中此复选框，在"宽度"和"高度"选项的右侧出现锁链标志🔗，表示改变其中一项设置时，两项会成比例地同时改变。重定图像像素：取消勾选此复选框，像素的数值将不能单独设置，"文档大小"选项组中的"宽度""高度"和"分辨率"选项右侧将出现锁链标志🔗，改变数值时这 3 项会同时改变，如图 1-99 所示。

在"图像大小"对话框中可以改变选项数值的计量单位，用户可以根据需要在选项右侧的下拉列表中进行选择，如图 1-100 所示。单击"自动"按钮，弹出"自动分辨率"对话框，系统将自动调整图像的分辨率和品质效果，如图 1-101 所示。

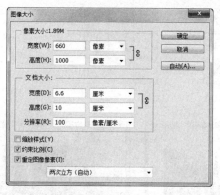

图 1-98

图 1-99

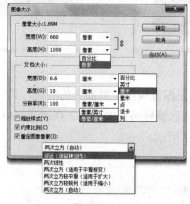

图 1-100

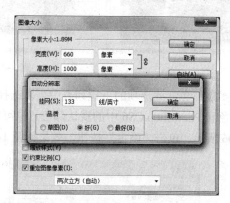

图 1-101

4. 画布尺寸的调整

图像画布尺寸的大小是指当前图像周围的工作空间的大小。打开一幅图像，如图 1-102 所示。选择"图像 > 画布大小"命令，弹出"画布大小"对话框，如图 1-103 所示。

图 1-102

图 1-103

当前大小：显示的是当前文件的大小和尺寸。新建大小：用于重新设定图像画布的大小。 定位：用于调整图像在新画面中的位置，可偏左、居中或在右上角等，如图 1-104 所示。设置不同的调整方式，图像调整后的效果如图 1-105 所示。

图 1-104

图 1-105

画布扩展颜色：此选项的下拉列表中可以选择填充图像周围扩展部分的颜色，其中包括前景色、背景色和 Photoshop CS6 中的默认颜色，也可以自己调整所需的颜色。在对话框中进行设置，如图 1-106 所示，单击"确定"按钮，效果如图 1-107 所示。

图 1-106

图 1-107

第2章 插画设计

现代插画艺术发展迅速，已经被广泛应用于杂志、广告、包装和纺织品领域。使用 Photoshop 绘制的插画简洁明快、新颖独特、形式多样，已经成为较流行的插画表现形式。本章以制作多个主题插画为例，介绍插画的绘制方法和制作技巧。

 课堂学习目标

- 掌握插画的绘制思路和过程
- 掌握插画的绘制方法和技巧

2.1 制作风景插画

2.1.1 【案例分析】

风景插画是为儿童故事书所配的插画，要求插画的表现形式和画面效果能充分表达故事书的风格和思想，读者通过观看插画能够更好地理解书中的内容和意境。

2.1.2 【设计理念】

在设计制作过程中，通过绿色的草地和蓝色的天空带给人生机勃勃的景象和无限希望。搭配色彩艳丽的热气球和漂亮的彩虹使画面更具童话色彩，通过风景元素的烘托，加强风景的远近空间变化。整个插画场景梦幻，颜色丰富饱满。最终效果参看光盘中的"Ch02 > 效果 > 制作风景插画"，如图 2-1 所示。

图 2-1

2.1.3 【操作步骤】

1. 使用磁性套索工具抠图像

步骤 1 按 Ctrl+O 组合键，打开光盘中的"Ch02 > 素材 > 制作风景插画 > 01、02"文件，如图 2-2 和图 2-3 所示。

图 2-2   图 2-3

步骤 2 选择"磁性套索"工具，在热气球图像的边缘单击鼠标，并根据热气球的形状拖曳鼠标，绘制一个封闭路径，路径自动转换为选区，如图 2-4 所示。选中属性栏中的"从选取减去"按钮，在图像中减去不需要的图像，如图 2-5 所示。

图 2-4   图 2-5

步骤 3 选择"移动"工具，将 02 图片拖曳到 01 的图像窗口中，效果如图 2-6 所示，在"图层"控制面板中生成新的图层并将其命名为"气球"，如图 2-7 所示。

图 2-6   图 2-7

2. 使用多边形套索抠图像

步骤 1 按 Ctrl+O 组合键，打开光盘中的"Ch02＞素材＞制作风景插画＞03"文件。选择"多边形套索"工具，在房子图像的边缘单击并拖曳鼠标将房子图像抠出，如图 2-8 所示。选择"移动"工具，拖曳选区中的图像到 01 素材图像窗口的右下方，效果如图 2-9 所示，在"图层"控制面板中生成新的图层并将其命名为"房子"，如图 2-10 所示。

步骤 2 将"房子"图层拖曳到控制面板下方的"创建新图层"按钮上进行复制，生成新的图层"房子 副本"，如图 2-11 所示。选择"移动"工具，拖曳复制的房子图像到适当的位置并调整其大小，效果如图 2-12 所示。使用相同方法制作"房子 副本 2"，效果如图 2-13 所示。

图 2-8　　　　　　　　图 2-9　　　　　　　　图 2-10

图 2-11　　　　　　　　图 2-12　　　　　　　　图 2-13

2.1.4 【相关工具】

1. 魔棒工具

魔棒工具可以用来选取图像中的某一点,并将与这一点颜色相同或相近的点自动融入选区中。选择"魔棒"工具 或按 W 键,其属性栏如图 2-14 所示。

图 2-14

：选择方式选项。取样"大小"选项：用于选择取样点大小。"容差"选项：用于控制色彩的范围,数值越大,可容许的颜色范围越大。"消除锯齿"选项：用于清除选区边缘的锯齿。"连续"选项：用于选择单独的色彩范围。"对所有图层取样"选项：用于将所有可见层中颜色容许范围内的色彩加入选区。

选择"魔棒"工具 ,在图像中单击需要选择的颜色区域,即可得到需要的选区,如图 2-15 所示。调整属性栏中的容差值,再次单击需要选择的区域,不同容差值的选区效果如图 2-16 所示。

图 2-15　　　　　　　　图 2-16

2. 套索工具

套索工具可以用来选取不规则形状的图像。启用"套索"工具 ⊘ 有以下两种方法。

选择"套索"工具 ⊘，或反复按 Shift+L 组合键。其属性栏状态如图 2-17 所示。

图 2-17

⬛⬜⬜⬛：选择方式选项。"羽化"选项：用于设定选区边缘的羽化程度。"消除锯齿"选项：用于清除选区边缘的锯齿。

启用"套索"工具 ⊘，在图像中适当的位置单击并按住鼠标左键，拖曳鼠标绘制出需要的选区，如图 2-18 所示，松开鼠标左键，选择区域会自动封闭，效果如图 2-19 所示。

图 2-18   图 2-19

3. 多边形套索工具

"多边形套索"工具可以用来选取不规则的多边形图像。启用"多边形套索"工具 ⊬ 有以下两种方法。

选择"多边形套索"工具 ⊬，或反复按 Shift+L 组合键，多边形套索工具属性栏中的选项内容与套索工具属性栏的选项内容相同。

选择"多边形套索"工具 ⊬，在图像中单击设置所选区域的起点，接着单击设置选择区域的其他点，效果如图 2-20 所示。将鼠标指针移回到起点，指针由多边形套索工具图标变为 ⊬ 图标，如图 2-21 所示，单击即可封闭选区，效果如图 2-22 所示。

图 2-20

图 2-21   图 2-22

提　示　在图像中使用多边形套索工具绘制选区时，按 Enter 键可封闭选区，按 Esc 键可取消选区，按 Delete 键可删除上一个单击创建的选区点。

4. 磁性套索工具

磁性套索工具可以用来选取不规则的并与背景反差大的图像。启用"磁性套索"工具 有以下两种方法。

选择"磁性套索"工具 ，或反复按 Shift+L 组合键。其属性栏状态如图 2-23 所示。

图 2-23

：选择方式选项。"羽化"选项：用于设定选区边缘的羽化程度。"消除锯齿"选项：用于清除选区边缘的锯齿。"宽度"选项：用于设定套索检测范围，磁性套索工具将在这个范围内选取反差最大的边缘。"对比度"选项：用于设定选取边缘的灵敏度，数值越大，则要求边缘与背景的反差越大。"频率"选项：用于设定选区点的速率，数值越大，标记速率越快，标记点越多。"使用绘图板压力以更改钢笔宽度"按钮 ：用于设定专用绘图板的笔刷压力。

选择"磁性套索"工具 ，在图像中适当的位置单击并按住鼠标左键，根据选取图像的形状拖曳鼠标，选取图像的磁性轨迹会紧贴图像的内容，效果如图 2-24 和图 2-25 所示，将鼠标指针移回到起点，单击即可封闭选区，效果如图 2-26 所示。

图 2-24　　　　　图 2-25　　　　　图 2-26

5. 旋转图像

◎ **变换图像画布**

图像画布的变换将对整个图像起作用。选择"图像 > 图像旋转"命令，其下拉菜单如图 2-27 所示。画布变换的多种效果，如图 2-28 所示。

原图像　　　　　180°　　　　　90°（顺时针）

图 2-28

图 2-27　　　　　　　90°（逆时针）　　　　　水平翻转画布　　　　　垂直翻转画布

图 2-28（续）

选择"任意角度"命令，弹出"旋转画布"对话框，选项设置如图 2-29 所示。单击"确定"按钮，画布被旋转，效果如图 2-30 所示。

图 2-29　　　　　　　　　　　　　　　　　　图 2-30

◎ **变换图像选区**

在操作过程中可以根据设计和制作的需要变换已经绘制好的选区。在图像中绘制完选区后，选择"编辑 > 自由变换"或"变换"命令，可以对图像的选区进行各种变换。"变换"命令的下拉菜单如图 2-31 所示。

在图像中绘制选区，如图 2-32 所示。选择"缩放"命令，拖曳控制手柄可以对图像选区进行自由缩放，如图 2-33 所示。选择"旋转"命令，旋转控制手柄可以对图像选区进行自由旋转，如图 2-34 所示。

图 2-31　　　　　　图 2-32　　　　　　图 2-33　　　　　　图 2-34

选择"斜切"命令，拖曳控制手柄，可以对图像选区进行斜切调整，如图 2-35 所示。选择"扭曲"命令，拖曳控制手柄，可以对图像选区进行扭曲调整，如图 2-36 所示。选择"透视"命令，拖曳控制手柄，可以对图像选区进行透视调整，如图 2-37 所示。选择"变形"命令，拖曳控制点，可以对图像选区进行变形调整，如图 2-38 所示。选择"旋转 180 度"命令，可以将图像选区旋转 180°，如图 2-39 所示。

    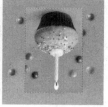

图 2-35　　　　　图 2-36　　　　　图 2-37　　　　　图 2-38　　　　　图 2-39

选择"旋转 90 度（顺时针）"命令，可以将图像选区顺时针旋转 90°，如图 2-40 所示。选择"旋转 90 度（逆时针）"命令，可以将图像选区逆时针旋转 90°，如图 2-41 所示。选择"水平翻转"命令，可以将图像水平翻转，如图 2-42 所示。选择"垂直翻转"命令，可以将图像垂直翻转，如图 2-43 所示。

图 2-40　　　　　　　图 2-41　　　　　　　图 2-42　　　　　　　图 2-43

 提　示　使用"编辑 > 变换"命令可以对图层中的所有图像进行编辑。

6．图层面板

"图层"控制面板中列出了图像中的所有图层、图层组和图层效果。可以使用"图层"控制面板显示和隐藏图层、创建新图层以及处理图层组。还可以在"图层"控制面板的弹出式菜单中设置其他命令和选项，如图 2-44 所示。

图层混合模式 正常 ：用于设定图层的混合模式，它包含 20 多种图层混合模式。不透明度：用于设定图层的不透明度。填充：用于设定图层的填充百分比。眼睛图标 ：用于打开或隐藏图层中的内容。链接图标 ：表示图层与图层之间的链接关系。图标 T：表示此图层为可编辑的文字图层。图标 fx：图层效果图标。

图 2-44

在"图层"面板的上方有 4 个图标，如图 2-45 所示。

锁定透明像素 ：用于锁定当前图层中的透明区域，使透明区域不能被编辑。锁定图像像素 ：使当前图层和透明区域不能被编辑。锁定位置 ：使当前图层不能被移动。锁定全部 ：使当前图层或序列完全被锁定。

在"图层"控制面板的下方有 7 个按钮，如图 2-46 所示。

锁定：☒ ✔ ✚ 🔒　　　　　🔗 fx ◉ ◑ ▢ 🗐 🗑

图 2-45　　　　　　　　　　　图 2-46

链接图层 🔗：使所选图层和当前图层成为一组，当对一个链接图层进行操作时，将影响一组链接图层。添加图层样式 **fx**：为当前图层添加图层样式效果。添加图层蒙版 ▢：在当前图层上创建一个蒙版。在图层蒙版中，黑色代表隐藏图像，白色代表显示图像。可以使用画笔等绘图工具对蒙版进行绘制，还可以将蒙版转换成选区。创建新的填充或调整图层 ◑：可对图层进行颜色填充和效果调整。创建新组 ▢：用于新建一个文件夹，可在其中放入图层。创建新图层 ▢：用于在当前图层的上方创建一个新图层。删除图层 🗑：即垃圾桶，可以将不需要的图层拖曳到此按钮上进行删除。

7. 复制图层

使用"图层"面板的弹出式菜单：单击"图层"控制面板右上方的 ▤ 按钮，在弹出的下拉菜单中选择"复制图层"命令，弹出"复制图层"对话框，如图 2-47 所示。为：用于设定复制图层的名称。文档：用于设定复制图层的文件来源。

图 2-47

使用"图层"面板中的按钮：将需要复制的图层拖曳到控制面板下方的"创建新图层"按钮 ▢ 上，可以复制一个新图层。

使用菜单命令：选择"图层 > 复制图层"命令，弹出"复制图层"对话框。

使用鼠标拖曳的方法复制不同图像之间的图层：打开目标图像和需要复制的图像，将需要复制的图像中的图层直接拖曳到目标图像的图层中，即可完成图层的复制。

2.1.5 【实战演练】制作海湾插画

使用套索工具和磁性套索工具抠出图像，使用移动工具移动素材图像。最终效果参看光盘中的"Ch02 > 效果 > 制作海湾插画"，如图 2-48 所示。

图 2-48

2.2 制作时尚人物插画

2.2.1 【案例分析】

本案例是为青春文学杂志绘制的栏目插画。插画要求表现青春时尚的感觉，画面效果要强烈，并且体现出插画的特色。

2.2.2 【设计理念】

在设计过程中，首先通过设计都市背景下的生活景象，以及街边元素的添加，带给人现代时尚的视觉感受。女孩的绘制精细，色彩搭配艳丽，表现出都市女孩的青春靓丽。通过女孩戴着耳机，沉醉于音乐的画面，来表现出都市流行音乐的魅力。最终效果参看光盘中的"Ch02 > 效果 > 制作时尚人物插画"，如图 2-49 所示。

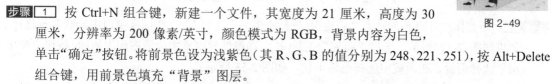
图 2-49

2.2.3 【操作步骤】

1. 绘制头部

步骤 ①　按 Ctrl+N 组合键，新建一个文件，其宽度为 21 厘米，高度为 30 厘米，分辨率为 200 像素/英寸，颜色模式为 RGB，背景内容为白色，单击"确定"按钮。将前景色设为浅紫色（其 R、G、B 的值分别为 248、221、251），按 Alt+Delete 组合键，用前景色填充"背景"图层。

步骤 ②　按 Ctrl+O 组合键，打开光盘中的"Ch02 > 素材 > 制作时尚人物插画 > 01"文件。选择"移动"工具，将 01 图片拖曳到图像窗口中的适当位置，效果如图 2-50 所示，在"图层"控制面板中生成新的图层并将其命名为"背景图片"。在控制面板上方，将该图层的"混合模式"设为"线性加深"，如图 2-51 所示，图像效果如图 2-52 所示。

图 2-50　　　　图 2-51　　　　图 2-52

步骤 ③　单击"图层"控制面板下方的"创建新组"按钮，生成新的图层组并将其命名为"头部"。新建图层并将其命名为"脸部"。选择"钢笔"工具，将属性栏中的"选择工具模式"选项设为"路径"，在图像窗口中拖曳光标绘制路径，如图 2-53 所示。

步骤 ④　按 Ctrl+Enter 组合键，将路径转化为选区。将前景色设为淡黄色（其 R、G、B 的值分别为 244、221、207）。按 Alt+Delete 组合键，用前景色填充选区，按 Ctrl+D 组合键取消选区，效果如图 2-54 所示。

图 2-53　　　　　　图 2-54

步骤 ⑤　新建图层并将其命名为"头发"。将前景色设为黑色。选择"钢笔"工具，在图像窗口中绘制路径，如图 2-55 所示。

步骤 ⑥　按 Ctrl+Enter 组合键，将路径转换为选区。按 Alt+Delete 组合键，用前景色填充选区，按 Ctrl+D 组合键取消选区，效果如图 2-56 所示。

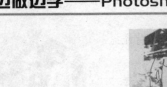

图 2-55   图 2-56

步骤 7 新建图层并将其命名为"眉毛"。选择"钢笔"工具 ![](），在图像窗口中绘制多条路径，效果如图 2-57 所示。选择"画笔"工具 ![](），在属性栏中单击画笔图标右侧的 ![] 按钮，弹出画笔选择面板，在面板中选择画笔形状，如图 2-58 所示。

 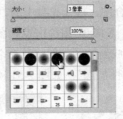

图 2-57   图 2-58

步骤 8 选择"路径选择"工具 ![](），将多个路径同时选取，在路径上单击鼠标右键，在弹出的快捷菜单中选择"描边路径"命令，在弹出的对话框中进行设置，如图 2-59 所示。单击"确定"按钮，按 Enter 键隐藏路径，效果如图 2-60 所示。

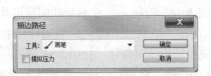 

图 2-59   图 2-60

步骤 9 新建图层并将其命名为"眼影"。选择"钢笔"工具 ![](），在图像窗口中绘制两个路径，如图 2-61 所示。将前景色设为粉红色（其 R、G、B 的值分别为 237、184、181）。按 Ctrl+Enter 组合键，将路径转换为选区。按 Alt+Delete 组合键，用前景色填充选区，按 Ctrl+D 组合键取消选区，效果如图 2-62 所示。

图 2-61   图 2-62

步骤 10 将"眼影"图层拖曳到"图层"控制面板下方的"创建新图层"按钮 ![] 上进行复制，生成新的图层"眼影 副本"，再将其拖曳到"眼影"图层的下方，如图 2-63 所示。将前景色设为淡红色（其 R、G、B 的值分别为 243、133、128）。按住 Ctrl 键的同时，单击"眼影副本"图层的图层缩览图，图形周围生成选区，按 Alt+Delete 组合键，用前景色填充选区，按 Ctrl+D 组合键取消选区。选择"移动"工具 ，将淡红色的眼影图形向下拖曳到适当位置，图像效果如图 2-64 所示。

图 2-63　　　　　　　　　　图 2-64

步骤 11　新建图层并将其命名为"眼睛"，并拖曳到"眉毛"图层的下方。将前景色设为绿色（其 R、G、B 的值分别为 90、160、90）。选择"椭圆选框"工具 ，按住 Shift 键的同时，在图像窗口中绘制一个圆形选区。按 Alt+Delete 组合键，用前景色填充选区，效果如图 2-65 所示。

步骤 12　在圆形选区上单击鼠标右键，在弹出的快捷菜单中选择"变换选区"命令，图像周围出现控制手柄，向内拖曳控制手柄将选区缩小，按 Enter 键确定操作。将前景色设为淡蓝色（其 R、G、B 的值分别为 0、124、121）。按 Alt+Delete 组合键，用前景色填充选区，按 Ctrl+D 组合键取消选区，效果如图 2-66 所示。

步骤 13　复制"眼睛"图层，生成新的"眼睛 副本"图层。选择"移动"工具 ，将复制出的图形拖曳到适当的位置，效果如图 2-67 所示。

图 2-65　　　　　　图 2-66　　　　　　图 2-67

步骤 14　选中"眼影"图层。新建图层并将其命名为"嘴"。将前景色设为粉色（其 R、G、B 的值分别为 242、135、182）。选择"钢笔"工具 ，在图像窗口中拖曳鼠标绘制路径，如图 2-68 所示。按 Ctrl+Enter 组合键，将路径转换为选区。按 Alt+Delete 组合键，用前景色填充选区，按 Ctrl+D 组合键取消选区，如图 2-69 所示。

图 2-68　　　　　　图 2-69

步骤 15 新建图层并将其命名为"鼻子"。将前景色设为淡黄色（其 R、G、B 的值分别为 230、205、191）。选择"钢笔"工具 ，在图像窗口中绘制路径，如图 2-70 所示。按 Ctrl+Enter 组合键，将路径转换为选区。按 Alt+Delete 组合键，用前景色填充选区，按 Ctrl+D 组合键取消选区，效果如图 2-71 所示。

图 2-70   图 2-71

步骤 16 新建图层并将其命名为"腮红"。将前景色设为浅紫色（其 R、G、B 的值分别为 225、173、196）。选择"椭圆选框"工具 ，按住 Shift 键的同时，在图像窗口中绘制圆形选区。按 Shift+F6 组合键，弹出"羽化选区"对话框，选项的设置如图 2-72 所示，单击"确定"按钮。按 Alt+Delete 组合键，用前景色填充选区，按 Ctrl+D 组合键。取消选区，效果如图 2-73 所示。

步骤 17 按 Ctrl+J 组合键，复制"腮红"图层，生成新的图层"腮红 副本"。选择"移动"工具 ，在图像窗口中拖曳复制出的图形到适当的位置，效果如图 2-74 所示。单击"头部"图层组前面的三角形按钮 ，将"头部"图层组隐藏。

图 2-72   图 2-73   图 2-74

2. 绘制身体部分

步骤 1 新建图层组并将其命名为"身体"，并拖曳到"头部"图层组的下方。选择"钢笔"工具 ，在图像窗口中拖曳光标绘制路径，如图 2-75 所示。

步骤 2 将前景色设为淡黄色（其 R、G、B 的值分别为 244、221、207）。按 Ctrl+Enter 组合键，将路径转换为选区。按 Alt+Delete 组合键，用前景色填充选区，按 Ctrl+D 组合键取消选区，效果如图 2-76 所示。

步骤 3 新建图层并将其命名为"衣服"。将前景色设置为黄色（其 R、G、B 的值分别为 255、212、0）。选择"钢笔"工具 ，在图像窗口中绘制路径，如图 2-77 所示。按 Ctrl+Enter 组合键，将路径转换为选区。按 Alt+Delete 组合键，用前景色填充选区，按 Ctrl+D 组合键取消选区，效果如图 2-78 所示。

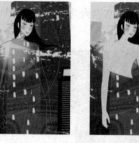

图 2-75   图 2-76   图 2-77   图 2-78

步骤 4 新建图层并将其命名为"裤子"。将前景色设为蓝色（其 R、G、B 的值分别为 0、72、130）。选择"钢笔"工具 ✐，在图像窗口中绘制路径，如图 2-79 所示。按 Ctrl+Enter 组合键，将路径转换为选区。按 Alt+Delete 组合键，用前景色填充选区，按 Ctrl+D 组合键取消选区，效果如图 2-80 所示。

步骤 5 新建图层并将其命名为"光线"。将前景色设为白色。选择"钢笔"工具 ✐，在图像窗口中绘制路径，如图 2-81 所示。按 Ctrl+Enter 组合键，将路径转换为选区。按 Alt+Delete 组合键，用前景色填充选区，按 Ctrl+D 组合键取消选区。在"图层"控制面板上方，将"光线"图层的"不透明度"选项设为 15%，图像效果如图 2-82 所示。

图 2-79   图 2-80   图 2-81   图 2-82

步骤 6 新建图层并将其命名为"腰带"。将前景色设为橘黄色（其 R、G、B 的值分别为 247、147、29）。选择"钢笔"工具 ✐，在图像窗口中绘制路径，如图 2-83 所示。按 Ctrl+Enter 组合键，将路径转换为选区。按 Alt+Delete 组合键，用前景色填充选区，按 Ctrl+D 组合键取消选区，效果如图 2-84 所示。

步骤 7 新建图层并将其命名为"白色圆点"。将前景色设为白色。选择"椭圆"工具 ⬭，将属性栏中的"选择工具模式"选项设为"像素"，按住 Shift 键的同时，拖曳光标在图像窗口中绘制圆形，效果如图 2-85 所示。

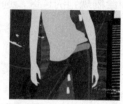

图 2-83   图 2-84   图 2-85

步骤 8 新建图层并将其命名为"脚"。将前景色设为淡黄色（其 R、G、B 的值分别为 244、221、207）。选择"钢笔"工具 ✐，在图像窗口中绘制路径，如图 2-86 所示。按 Ctrl+Enter 组合

中等职业教育数字艺术类规划教材

键，将路径转换为选区。按 Alt+Delete 组合键，用前景色填充选区，按 Ctrl+D 组合键取消选区，效果如图 2-87 所示。

图 2-86　　　　　　图 2-87

步骤 9　新建图层并将其命名为"鞋"。将前景色设为蓝色（其 R、G、B 的值分别为 0、72、130）。选择"钢笔"工具，在图像窗口中适当的位置绘制路径，如图 2-88 所示。按 Ctrl+Enter 组合键，将路径转换为选区。按 Alt+Delete 组合键，用前景色填充选区。按 Ctrl+D 组合键取消选区，效果如图 2-89 所示。单击"身体"图层组前面的三角形按钮，将"身体"图层组隐藏。

步骤 10　选中"头部"图层组。按 Ctrl+O 组合键，打开光盘中的"Ch02 > 素材 > 制作时尚人物插画 > 02"文件。选择"移动"工具，将 02 图片拖曳到图像窗口中的适当位置并调整其大小，效果如图 2-90 所示，在"图层"控制面板中生成新的图层并将其命名为"耳机"。至此，时尚人物插画制作完成。

图 2-88　　　　　图 2-89　　　　　图 2-90

2.2.4　【相关工具】

1. 绘制选区

使用选框工具可以在图像或图层中绘制规则的选区，选取规则的图像。下面具体介绍选框工具的使用方法和操作技巧。

◎ 矩形选框工具

矩形选框工具可以在图像或图层中绘制矩形选区。启用"矩形选框"工具有以下两种方法。选择"矩形选框"工具，或反复按 Shift+M 组合键。其属性栏状态如图 2-91 所示。

图 2-91

：选择选区方式选项。新选区 选项：用于去除旧选区，绘制新选区。添加到选区 选项：用于在原有选区的基础上再增加新的选区。从选区减去 选项：用于在原有选区的基础上减去新选区的部分。与选区交叉 选项：用于选择新旧选区重叠的部分。

"羽化"选项：用于设定选区边界的羽化程度。"消除锯齿"选项：用于清除选区边缘的锯齿。"样式"选项：用于选择类型。①"正常"选项为标准类型；②"固定比例"选项用于设定长宽比例来进行选择；③"固定大小"选项则可以通过固定尺寸来进行选择。"宽度"和"高度"选项：用来设定宽度和高度。

选择"矩形选框"工具 ，在图像中适当的位置单击并按住鼠标左键，拖曳鼠标绘制出需要的选区，松开鼠标左键，矩形选区绘制完成，如图 2-92 所示。按住 Shift 键的同时，拖曳鼠标在图像中可以绘制出正方形的选区，如图 2-93 所示。

图 2-92

图 2-93

羽化值为"0"的属性栏如图 2-94 所示，绘制出选区，按住 Alt + Backspace（或 Delete）组合键，用前景色填充选区，效果如图 2-95 所示。

图 2-94

图 2-95

设定羽化值为"20"后的属性栏如图 2-96 所示，绘制出选区，按住 Alt+Backspace（或 Delete）组合键，用前景色填充选区，效果如图 2-97 所示。

图 2-96

图 2-97

中等职业教育数字艺术类规划教材

◎ 椭圆选框工具

"椭圆选框"工具可以在图像或图层中绘制出圆形或椭圆形选区。启用"椭圆选框"工具 ⬭ ，有以下两种方法。

选择"椭圆选框"工具 ⬭ ，或反复按 Shift+M 组合键。其属性栏状态如图 2-98 所示。

图 2-98

选择"椭圆选框"工具 ⬭ ，在图像中适当的位置单击并按住鼠标左键，拖曳鼠标绘制出需要的选区，松开鼠标左键，椭圆选区绘制完成，如图 2-99 所示。按住 Shift 键的同时，拖曳鼠标在图像中可以绘制出圆形的选区，如图 2-100 所示。

图 2-99　　　　　　　　图 2-100

2. 羽化选区

在图像中绘制椭圆选区，如图 2-101 所示。选择"选择 > 修改 > 羽化"命令，弹出"羽化选区"对话框，在其中设置羽化半径的数值，如图 2-102 所示，单击"确定"按钮选区被羽化。将选区反选，如图 2-103 所示，在选区中填充颜色后的效果如图 2-104 所示。

图 2-101　　　　　　图 2-102　　　　　　图 2-103　　　　　　图 2-104

还可以在绘制选区前，在所使用的工具属性栏中直接输入羽化的数值，如图 2-105 所示，此时绘制的选区自动变成为带有羽化边缘的选区。

图 2-105

3. 扩展选区

在图像中绘制不规则选区，如图 2-106 所示。选择"选择 > 修改 > 扩展"命令，弹出"扩

展选区"对话框,在其中设置扩展量的数值,如图 2-107 所示。单击"确定"按钮选区被扩展,效果如图 2-108 所示。

图 2-106　　　　　　　　　图 2-107　　　　　　　　　图 2-108

4. 全选和反选选区

全选:选择所有像素,即将图像中的所有图像全部选取。选择"选择 > 全部"命令或按 Ctrl+A 组合键,即可选取全部图像,效果如图 2-109 所示。

反选:选择"选择 > 反向"命令或按 Shift+Ctrl+I 组合键,可以对当前的选区进行反向选取,效果如图 2-110 和图 2-111 所示。

图 2-109　　　　　　　　　图 2-110　　　　　　　　　图 2-111

5. 新建图层

使用"图层"面板的弹出式菜单:单击"图层"控制面板右上方的██按钮,在弹出的下拉菜单中选择"新建图层"命令,弹出"新建图层"对话框,如图 2-112 所示。

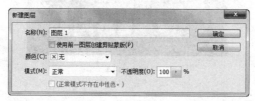

图 2-112

名称:用于设定新图层的名称,可以选择使用前一图层创建剪贴蒙版。颜色:用于设定新图层的颜色。模式:用于设定当前图层的混合模式。不透明度:用于设定当前图层的不透明度。

使用"图层"面板中的按钮或快捷键:单击"图层"控制面板下方的"创建新图层"按钮██可以创建一个新图层。在按住 Alt 键的同时,单击"创建新图层"按钮██,弹出"新建图层"对话框。

使用"图层"菜单命令或快捷键:选择"图层 > 新建 > 图层"命令,弹出"新建图层"对话框。按 Shift+Ctrl+N 组合键也可以弹出"新建图层"对话框。

中等职业教育数字艺术类规划教材

6. 载入选区

当要载入透明背景中的图像和文字图层中的文字选区时,可以在按住 Ctrl 键的同时单击图层的缩览图载入选区。

2.2.5 【实战演练】制作咖啡插画

使用钢笔工具和羽化命令制作咖啡的热气,使用多边形工具制作星形图案。最终效果参看光盘中的"Ch02 > 效果 > 制作咖啡插画",如图 2-113 所示。

图 2-113

2.3 制作美丽夕阳插画

2.3.1 【案例分析】

本案例是为时尚杂志绘制的插画。插画要求表现出浪漫的夕阳风光,色彩柔和舒适,能带给人安心、宁静舒适的感受。

2.3.2 【设计理念】

在设计制作过程中,在草地和树木的处理上采用暗色的渐变剪影形式,与橘色明亮的夕阳光线形成鲜明的对比,在表现出夕阳美感的同时,使画面产生远近关系和空间感。整个插画的设计色彩搭配合理舒适,体现出夕阳的魅力与独特风情,让人印象深刻。最终效果参看光盘中的"Ch02 > 效果 > 制作美丽夕阳插画",如图 2-114 所示。

图 2-114

2.3.3 【操作步骤】

1. 添加图片并绘制枫叶和小草

步骤 1 按 Ctrl+O 组合键,打开光盘中的"Ch02 > 素材 > 制作美丽夕阳插画 > 01"文件,如图 2-115 所示,新建图层并将其命名为"地面"。将前景色设为黑色,选择"画笔"工具 ✎,在属性栏中单击"画笔"选项右侧的·按钮,在弹出的画笔选择面板中选择需要的画笔形状,如图 2-116 所示。

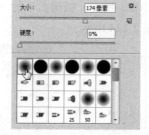

| 图 2-115 | 图 2-116 |

步骤 ⦰2⦰ 按 F5 键弹出"画笔"控制面板,选择"画笔笔尖形状"选项,在弹出的面板中进行设置,如图 2-117 所示。在图像窗口的下方拖曳鼠标绘制黑色图形,效果如图 2-118 所示。

| 图 2-117 | 图 2-118 |

步骤 ⦰3⦰ 新建图层并将其命名为"草"。选择"画笔"工具 ,在属性栏中单击"画笔"选项右侧的 按钮,在弹出的画笔选择面板中选择需要的画笔形状,如图 2-119 所示。选择"画笔笔尖形状"选项,在弹出的面板中进行设置,如图 2-120 所示。在图像窗口的下方绘制小草图形,效果如图 2-121 所示。

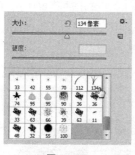

| 图 2-119 | 图 2-120 | 图 2-121 |

步骤 ⦰4⦰ 新建图层并将其命名为"红叶"。将前景色设为红色(其 R、G、B 的值分别为 255、17、0),背景色设为橙色(其 R、G、B 的值分别为 255、195、0)。选择"画笔"工具 ,在属性栏中单击"画笔"选项右侧的 按钮,在弹出的画笔选择面板中选择需要的画笔形状,如图 2-122 所示。在"画笔"控制面板中选中"画笔笔尖形状"选项,在弹出的面板中进行

设置，如图 2-123 所示，按键盘上的 [键和] 键，调整画笔的大小，在画面中绘制枫叶图形，效果如图 2-124 所示。

| 图 2-122 | 图 2-123 | 图 2-124 |

2. 制作文字擦除效果

步骤 1 将前景色设为红色（其 R、G、B 值分别为 187、0、47）。选择"横排文字"工具 T，在属性栏中选择合适的字体并设置文字大小，输入需要的文字，在"图层"控制面板中生成新的文字图层，效果如图 2-125 所示。分别选中文字"美"和"夕"，分别在属性栏中设置文字大小，效果如图 2-126 所示。

| 图 2-125 | 图 2-126 |

步骤 2 单击"图层"控制面板下方的"添加图层样式"按钮 fx.，在弹出的菜单中选择"投影"命令，弹出对话框，将投影颜色设为白色，其他选项的设置如图 2-127 所示。单击"确定"按钮，效果如图 2-128 所示。至此，美丽夕阳插画制作完成。

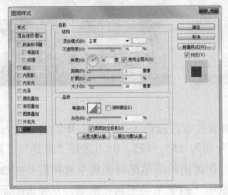

| 图 2-127 | 图 2-128 |

2.3.4 【相关工具】

1. 画笔工具

选择"画笔"工具 的方法有以下两种。

选择工具箱中的"画笔"工具 ，或反复按 Shift+B 组合键。其属性栏如图 2-129 所示。

图 2-129

"画笔"选项：用于选择预设的画笔。"模式"选项：用于选择混合模式，选择不同的模式，用喷枪工具操作时将产生丰富的效果。"不透明度"选项：用于设定画笔的不透明度。"流量"选项：用于设定喷笔压力，压力越大，喷色越浓。单击"启用喷枪模式"按钮 ：可以选择喷枪效果。

选择"画笔"工具 ，在画笔工具属性栏中设置画笔，如图 2-130 所示。在图像中单击并按住鼠标左键，拖曳鼠标可以绘制出书法字的效果，如图 2-131 所示。

图 2-130

图 2-131

单击"画笔"选项右侧的 按钮，弹出如图 2-132 所示的画笔选择面板，在面板中可选择画笔形状。

拖曳"大小"选项下的滑块或输入数值可以设置画笔的大小。如果选择的画笔是基于样本的，将显示"使用取样大小"按钮，单击该按钮，可以使画笔的直径恢复到初始的大小。

单击画笔选择面板右上方的 按钮，在弹出的下拉菜单中选择"描边缩览图"命令，如图 2-133 所示，画笔的显示效果如图 2-134 所示。

图 2-132   图 2-133   图 2-134

下拉菜单中的各个命令说明如下。

"新建画笔预设"命令：用于建立新画笔。

"重命名画笔"命令：用于重新命名画笔。

"删除画笔"命令：用于删除当前选中的画笔。

"仅文本"命令：以文字描述方式显示画笔选择面板。

"小缩览图"命令：以小图标方式显示画笔选择面板。

"大缩览图"命令：以大图标方式显示画笔选择面板。

"小列表"命令：以小文字和图标列表方式显示画笔选择面板。

"大列表"命令：以大文字和图标列表方式显示画笔选择面板。

"描边缩览图"命令：以笔画的方式显示画笔选择面板。

"预设管理器"命令：用于在弹出的"预置管理器"对话框中编辑画笔。

"复位画笔"命令：用于恢复默认状态的画笔。

"载入画笔"命令：用于将存储的画笔载入面板。

"存储画笔"命令：用于将当前的画笔进行存储。

"替换画笔"命令：用于载入新画笔并替换当前画笔。

下面的选项为各个画笔库。

在画笔选择面板中单击 按钮，弹出如图 2-135 所示的"画笔名称"对话框，可创建新的画笔预设。单击画笔工具属性栏中的 按钮，弹出如图 2-136 所示的"画笔"控制面板。

图 2-135   图 2-136

◎ **画笔笔尖形状选项**

在"画笔"控制面板中选择"画笔笔尖形状"选项，弹出相应的控制面板，如图 2-137 所示。"画笔笔尖形状"选项可以设置画笔的形状。

"使用取样大小"按钮：可以使画笔的直径恢复到初始的大小。

"大小"选项：用于设置画笔的大小。

"角度"选项：用于设置画笔的倾斜角度。

"圆度"选项：用于设置画笔的圆滑度。在右侧的预览框中可以观察和调整画笔的角度及圆滑度。

"硬度"选项：用于设置使用画笔所画图像的边缘的柔化程度，硬度的数值用百分比表示。

图 2-137

"间距"选项：用于设置画笔画出的标记点之间的间隔距离。

◎ 形状动态选项

在"画笔"面板中，单击"形状动态"选项，弹出相应的控制面板，如图 2-138 所示。"形状动态"选项可以增加画笔的动态效果。

"大小抖动"选项：用于设置动态元素的自由随机度。当数值设置为 100% 时，使用画笔绘制的元素会出现最大的自由随机度；当数值设置为 0% 时，使用画笔绘制的元素没有变化。

在"控制"选项的下拉列表中可以通过选择各个选项来控制动态元素的变化，其中包含关、渐隐、钢笔压力、钢笔斜度、光笔轮和旋转 6 个选项。

"最小直径"选项：用来设置画笔标记点的最小尺寸。

"倾斜缩放比例"选项：当选择"控制"下拉列表中的"钢笔斜度"选项后，可以设置画笔的倾斜比例。在使用数位板时此选项才有效。

图 2-138

"角度抖动"和"控制"选项："角度抖动"选项用于设置画笔在绘制线条的过程中标记点角度的动态变化效果；在"控制"选项的下拉列表中，可以选择各个选项，来控制抖动角度的变化。

"圆度抖动"和"控制"选项："圆度抖动"选项用于设置画笔在绘制线条的过程中标记点圆度的动态变化效果；在"控制"下拉列表中可以通过选择各个选项来控制圆度抖动的变化。

"最小圆度"选项：用于设置画笔标记点的最小圆度。

◎ "散布"选项

在"画笔"控制面板中，单击"散布"选项，弹出相应的面板，如图 2-139 所示。"散布"选项可以设置画笔绘制的线条中标记点的效果。

"散布"选项：用于设置画笔绘制的线条中标记点的分布效果。不选中"两轴"复选项，画笔的标记点的分布与画笔绘制的线条方向垂直；选中"两轴"复选项，画笔标记点将以放射状分布。

"数量"选项：用于设置每个空间间隔中画笔标记点的数量。

"数量抖动"选项：用于设置每个空间间隔中画笔标记点的数量变化；在"控制"选项的下拉列表中可以通过选择各个选项来控制数量抖动的变化。

图 2-139

◎ 纹理选项

在"画笔"控制面板中，单击"纹理"选项，弹出相应的控制面板，如图 2-140 所示。"纹理"选项可以使画笔纹理化。

在控制面板的上方有纹理的预视图，单击右侧的下三角按钮，在弹出的面板中可以选择需要的图案。选中"反相"复选项可以设定纹理的反相效果。

"缩放"选项：用于设置图案的缩放比例。

"亮度"选项：用于设置图案的亮度。

"对比度"选项：用于设置图案的对比度。

"为每个笔尖设置纹理"复选项：用于设置是否分别对每个标记点进行渲染。选择此项，下面的"最小深度"和"深度抖动"选项将变为可用。

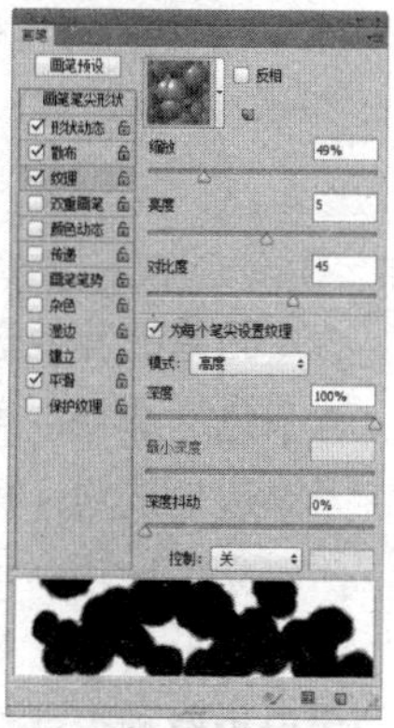

图 2-140

中等职业教育数字艺术类规划教材

"模式"选项：用于设置画笔和图案之间的混合模式。

"深度"选项：用于设置画笔混合图案的深度。

"最小深度"选项：用于设置画笔混合图案的最小深度。

"深度抖动"选项：用于设置画笔混合图案的深度变化。

◎ 双重画笔选项

在"画笔"控制面板中选择"双重画笔"选项，弹出相应的控制面板，如图 2-141 所示。双重画笔效果就是两种画笔效果的混合。

"模式"选项：用于设置两种画笔的混合模式。在画笔预览框中选择一种画笔作为第 2 个画笔。

"大小"选项：用于设置第 2 个画笔的大小。

"间距"选项：用于设置使用第 2 个画笔在绘制的线条中的标记点之间的距离。

"散布"选项：用于设置使用第 2 个画笔在所绘制的线条中标记点的分布效果。不选中"两轴"复选项，画笔的标记点的分布与画笔绘制的线条方向垂直。选中"两轴"复选项，画笔标记点将以放射状分布。

"数量"选项：用于设置每个空间间隔中第 2 个画笔标记点的数量。

◎ 颜色动态选项

在"画笔"控制面板中选择"颜色动态"选项，弹出相应的控制面板，如图 2-142 所示。"颜色动态"选项用于设置画笔绘制线条的过程中颜色的动态变化情况。

"前景/背景抖动"选项：用于设置使用画笔绘制的线条在前景色和背景色之间的动态变化。

"色相抖动"选项：用于设置使用画笔绘制的线条其色相的动态变化范围。

"饱和度抖动"选项：用于设置使用画笔绘制的线条的饱和度的动态变化范围。

"亮度抖动"选项：用于设置使用画笔绘制的线条的亮度的动态变化范围。

"纯度"选项：用于设置颜色的纯度。

图 2-141   图 2-142

◎ 画笔的其他选项

"杂色"选项：可以为画笔增加杂色效果。

"湿边"选项：可以为画笔增加水笔的效果。

"建立"选项：可以使画笔变为喷枪的效果。

"平滑"选项：可以使画笔绘制的线条产生更平滑、顺畅的曲线。

"保护纹理"选项：可以对所有的画笔应用相同的纹理图案。

2. 铅笔工具

铅笔工具可以模拟铅笔的效果进行绘画。选择"铅笔"工具🖉有以下两种方法。

选择工具箱中的"铅笔"工具🖉，或反复按 Shift+B 组合键。其属性栏如图 2-143 所示。

图 2-143

"画笔"选项：用于选择画笔。"模式"选项：用于选择混合模式。"不透明度"选项：用于设定不透明度。"自动抹除"选项：用于自动判断绘画时的起始点颜色，如果起始点颜色为背景色，则铅笔工具将以前景色绘制；反之，如果起始点颜色为前景色，则铅笔工具会以背景色绘制。

选择"铅笔"工具🖉，在铅笔工具属性栏中选择画笔，选中"自动抹除"复选项，如图 2-144 所示，此时绘制效果与所单击的起始点颜色有关。当起始点像素与前景色相同时，"铅笔"工具🖉将行使"橡皮擦"工具🖉的功能，以背景色绘图；如果鼠标点起始点颜色不是前景色，则绘图时仍然会保持以前景色绘制。例如，将前景色和背景色分别设定为白色和灰色，在图中单击，画出一个白色枫叶，在白色区域内单击以绘制下一个点，点的颜色就会变成灰色，重复以上操作，得到的效果如图 2-145 所示。

图 2-144

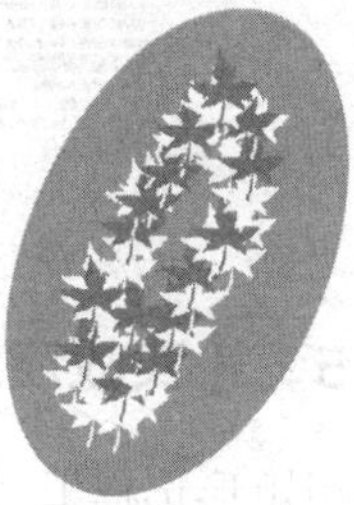

图 2-145

3. 拾色器对话框

单击工具箱下方的"设置前景色/背景色"图标，弹出"拾色器"对话框，可以在"拾色器"对话框中设置颜色。用鼠标在颜色色带上单击或拖曳两侧的三角形滑块，如图 2-146 所示，可以使颜色的色相发生变化。

在"拾色器"对话框左侧的颜色选择区中，可以选择颜色的明度和饱和度，垂直方向表示明度的变化，水平方向表示饱和度的变化。

选择好颜色后，在对话框的右侧上方的颜色框中会显示所设置的颜色，右侧下方是所选择颜色的 HSB、RGB、CMYK、Lab 值。选择好颜色后，单击"确定"按钮，所选择的颜色将变为工具箱中的前景色或背景色。

使用颜色库按钮选择颜色：在"拾色器"对话框中单击"颜色库"按钮 颜色库 ，弹出"颜色库"对话框，如图 2-147 所示。对话框中的"色库"下拉列表中是一些常用的印刷颜色体系，如图 2-148 所示，其中"TRUMATCH"是为印刷设计提供服务的印刷颜色体系。

在颜色色相区域内单击或拖曳两侧的三角形滑块，可以使颜色的色相发生变化，在颜色选择区中设置带有编码的颜色，在对话框的右侧上方的颜色框中会显示出所设置的颜色，右侧下方是所设置的颜色的 CMYK 值。

通过输入数值设置颜色：在"拾色器"对话框右侧下方的 HSB、RGB、CMYK、Lab 色彩模式后面，都带有可以输入数值的文本框，在其中输入所需颜色的数值也可以得到希望的颜色。

选中对话框左下方的"只有 Web 颜色"复选项，颜色选择区中出现供网页使用的颜色，如图 2-149 所示，在右侧的数值框 # 006699 中，显示的是网页颜色的数值。

图 2-146

图 2-147

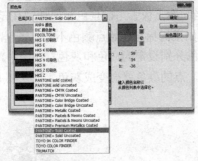

图 2-148

图 2-149

2.3.5 【实战演练】制作儿童插画

使用矩形选框工具和羽化命令制作背景融合效果，使用画笔工具绘制草地和太阳图形，使用多边形套索工具绘制阳光图形。最终效果参看光盘中的"Ch02 > 效果 > 制作儿童插画"，如图 2-150 所示。

图 2-150

2.4 制作时尚插画

2.4.1 【案例分析】

时尚插画是为时尚杂志制作的插画，本案例要求体现时尚现代特色，插画设计要体现时尚元素，画面搭配合理丰富。

2.4.2 【设计理念】

在绘制思路上，插画使用亮黄色加绿色波点作为整个插画的背景图案，衬托出前方女孩的青春和活力，红色的围巾在画面中十分突出，使画面具有空间感。插画设计中处处体现时尚元素，用色大胆，具有视觉冲击力。最终效果参看光盘中的"Ch02 > 效果 > 制作时尚插画"，如图 2-151 所示。

图 2-151

2.4.3 【操作步骤】

步骤 **1** 按 Ctrl+N 组合键，新建一个文件，其宽度为 21cm，高度为 29.7 厘米，分辨率为 300 像素/英寸，颜色模式为 RGB，背景内容为白色，单击"确定"按钮。

步骤 **2** 选择"渐变"工具 ，单击属性栏中的"点按可编辑渐变"按钮 ，弹出"渐变编辑器"对话框，将渐变色设为从黄色（其 R、G、B 的值分别为 245、255、35）到浅黄色（其 R、G、B 的值分别为 251、255、158），如图 2-152 所示，单击"确定"按钮。在背景上由左至右拖曳渐变色，松开鼠标后的效果如图 2-153 所示。

图 2-152   图 2-153

步骤 **3** 单击"图层"控制面板下方的"创建新图层"按钮 ，生成新的图层。单击"背景"图层左侧的眼睛图标 ，隐藏背景图层。将前景色设为绿色（其 R、G、B 值分别为 112、175、12）。选择"椭圆"工具 ，将属性栏中的"选择工具模式"选项设为"像素"，在图像窗口中拖曳鼠标绘制圆形，如图 2-154 所示。

步骤 **4** 选择"矩形选框"工具 ，在图像窗口中拖曳鼠标绘制矩形选区，如图 2-155 所示。选择"编辑 > 定义图案"命令，在弹出的对话框中进行设置，如图 2-156 所示，单击"确定"按钮。按 Ctrl+D 组合键取消选区。单击"图层 1"图层左侧的眼睛图标 ，隐藏"图层 1"图层。

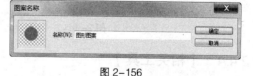

图 2-154   图 2-155   图 2-156

步骤 **5** 单击"背景"图层左侧的空白图标 ，显示背景图层。单击"图层"控制面板下方的"创建新的填充或调整图层"按钮 ，在弹出的菜单中选择"图案填充"命令，在"图层"控制面板中生成"图案填充 1"图层，同时弹出"图案填充"对话框，选项的设置如图 2-157 所示。单击"确定"按钮，效果如图 2-158 所示。

边做边学——Photoshop CS6 图像制作案例教程

图 2-157　　　　　　　　图 2-158

步骤 **6** 在"图层"控制面板上方，将"图案填充 1"图层的"不透明度"选项设为 30%，如图 2-159 所示，效果如图 2-160 所示。

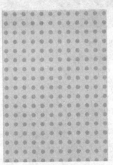

图 2-159　　　　　　　　图 2-160

步骤 **7** 按 Ctrl+O 组合键，打开光盘中的"Ch02 > 素材 > 制作时尚插画 > 01、02、03"文件。选择"移动"工具，将图片分别拖曳到图像窗口的适当位置，效果如图 2-161 所示。在"图层"控制面板中生成新的图层并分别将其命名为"图形"、"文字"和"人物"，如图 2-162 所示。时尚插画效果制作完成。

图 2-161　　　　　　　　图 2-162

2.4.4 【相关工具】

1. 钢笔工具

钢笔工具用于在 Photoshop CS6 中绘制路径。启用"钢笔"工具有以下两种方法。

选择"钢笔"工具，或反复按 Shift+P 组合键。其属性栏状态如图 2-163 所示。

58

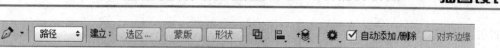

图 2-163

按住 Shift 键创建锚点时，会以 45°角或 45°角的倍数绘制路径；按住 Alt 键，当鼠标指针移到锚点上时，指针暂时由"钢笔"工具图标转换成"转换点"工具图标；按住 Ctrl 键，鼠标指针暂时由"钢笔"工具图标转换成"直接选择"工具图标。

◎ 绘制直线

建立一个新的图像文件，选择"钢笔"工具，在属性栏中的"选择工具模式"选项中选择"路径"选项，"钢笔"工具绘制的将是路径。如果选择"形状"选项，绘制的将是形状图层。勾选"自动添加/删除"复选框。钢笔工具的属性栏如图 2-164 所示。

图 2-164

在图像中任意位置单击鼠标左键，将创建出第 1 个锚点，将鼠标指针移动到其他位置再单击鼠标左键，则创建第 2 个锚点，两个锚点之间自动以直线连接，如图 2-165 所示。再将鼠标指针移动到其他位置单击鼠标左键，出现了第 3 个锚点，系统将在第 2、3 锚点之间生成一条新的直线路径，如图 2-166 所示。

将鼠标指针移至第 2 个锚点上，会发现指针现在由"钢笔"工具图标转换成了"删除锚点"工具图标，如图 2-167 所示，在锚点上单击，即可将第 2 个锚点删除，效果如图 2-168 所示。

图 2-165　　　　图 2-166　　　　图 2-167　　　　图 2-168

◎ 绘制曲线

使用"钢笔"工具单击建立新的锚点并按住鼠标左键，拖曳鼠标，建立曲线段和曲线锚点，如图 2-169 所示。松开鼠标左键，按住 Alt 键同时，用"钢笔"工具单击刚建立的曲线锚点，如图 2-170 所示，将其转换为直线锚点，在其他位置再次单击建立下一个新的锚点，可在曲线段后绘制出直线段，如图 2-171 所示。

图 2-169　　　　图 2-170　　　　图 2-171

2. 自由钢笔工具

自由钢笔工具用于在 Photoshop 中绘制不规则路径。启用"自由钢笔"工具有以下两种方法。

选择"自由钢笔"工具，或反复按 Shift+P 组合键。对其属性栏进行设置，如图 2-172 所示。自由钢笔工具属性栏中的选项内容与钢笔工具属性栏的选项内容相同，只有"自动添加/删除"选项变为"磁性的"选项，用于将自由钢笔工具变为磁性钢笔工具，与磁性套索工具相似。

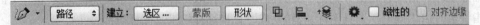

图 2-172

在图像的左上方单击鼠标确定最初的锚点，然后沿图像小心地拖曳鼠标并单击，确定其他的锚点，如图 2-173 所示。可以看到在选择中误差比较大，但只需要使用其他几个路径工具对路径进行一番修改和调整，就可以补救过来，最后的效果如图 2-174 所示。

图 2-173   图 2-174

3. 添加锚点工具

添加锚点工具用于在路径上添加新的锚点。将"钢笔"工具移动到建立好的路径上，若当前该处没有锚点，则鼠标指针由"钢笔"工具图标转换成"添加锚点"工具图标，在路径上单击可以添加一个锚点，效果如图 2-175 所示。

将"钢笔"工具的指针移动到建立好的路径上，若当前该处没有锚点，则鼠标指针由"钢笔"工具图标转换成"添加锚点"工具图标，单击并按住鼠标左键，向上拖曳鼠标，建立曲线段和曲线锚点，效果如图 2-176 所示。

图 2-175   图 2-176

4. 删除锚点工具

删除锚点工具用于删除路径上已经存在的锚点。下面具体讲解删除锚点工具的使用方法和操作技巧。

将"钢笔"工具的指针放到路径的锚点上，则鼠标指针由"钢笔"工具图标转换成"删除锚点"工具图标，单击锚点将其删除，效果如图 2-177 所示。

将"钢笔"工具的指针放到曲线路径的锚点上，则"钢笔"工具图标转换成"删除锚点"工具图标，单击锚点将其删除，效果如图 2-178 所示。

图 2-177　　　　　　　　　　　　　　　图 2-178

5. 转换点工具

使用"转换点"工具 ⌐⌐，通过鼠标单击或拖曳锚点可将其转换成直线锚点或曲线锚点，拖曳锚点上的调节手柄可以改变线段的弧度。

下面介绍与"转换点"工具 ⌐⌐ 相配合的功能键。

按住 Shift 键拖曳其中一个锚点，手柄将以 45 度角或 45 度角的倍数进行改变；按住 Alt 键拖曳手柄，可以任意改变两个调节手柄中的一个，而不影响另一个手柄的位置；按住 Alt 键拖曳路径中的线段，会把已经存在的路径先复制，再把复制后的路径拖曳到预定的位置处。

建立一个新文件，选择"钢笔"工具 ✐，用鼠标在页面中单击绘制出需要的路径，当要闭合路径时鼠标指针变为图标 ♧，单击即可闭合路径，完成一个三角形的图案，如图 2-179 所示。

图 2-179

选择"转换点"工具 ⌐⌐，将鼠标放在三角形右上角的锚点上，如图 2-180 所示，单击锚点并将其向左上方拖曳形成曲线锚点，如图 2-181 所示。使用同样的方法将左边的锚点变为曲线锚点，路径的效果如图 2-182 所示。使用"钢笔"工具 ✐ 在图像中绘制出圆形图形，如图 2-183 所示。

图 2-180　　　　　　图 2-181　　　　　　图 2-182　　　　　　图 2-183

6. 选区和路径的转换

◎ 将选区转换为路径

在图像上绘制选区，如图 2-184 所示。单击"路径"控制面板右上方的 ▾▤ 图标，在弹出式菜单中选择"建立工作路径"命令，弹出"建立工作路径"对话框。在对话框中，应用"容差"选项设置转换时的误差允许范围，数值越小越精确，路径上的关键点也越多。如果要编辑生成的路径，此处将"容差"设定为 2，如图 2-185 所示。单击"确定"按钮将选区转换成路径，效果如

图 2-186 所示。

　　单击"路径"控制面板下方的"从选区生成工作路径"按钮，也可以将选区转换成路径。

图 2-184　　　　　　图 2-185　　　　　　图 2-186

◎　将路径转换为选区

　　在图像中创建路径，如图 2-187 所示。单击"路径"控制面板右上方的图标，在弹出式菜单中选择"建立选区"命令，弹出"建立选区"对话框，如图 2-188 所示。设置完成后单击"确定"按钮，将路径转换成选区，效果如图 2-189 所示。

图 2-187　　　　　　图 2-188　　　　　　图 2-189

　　单击"路径"控制面板下方的"将路径作为选区载入"按钮，也可以将路径转换成选区。

7. 描边路径

　　用画笔描边路径，有以下几种方法。

　　建立路径，如图 2-190 所示。单击"路径"控制面板右上方的图标，在弹出式菜单中选择"描边路径"命令，弹出"描边路径"对话框，如图 2-191 所示。在"工具"选项的下拉列表中选择"画笔"工具，其下拉式列表框中共有 19 种工具可供选择。如果在当前工具箱中已经选择了"画笔"工具，该工具会自动地设置在此处。另外，在画笔属性栏中设定的画笔类型也会直接影响此处的描边效果。对画笔属性栏进行设定，设置好后单击"确定"按钮。用画笔描边路径的效果如图 2-192 所示。

图 2-190　　　　　　图 2-191　　　　　　图 2-192

8. 填充路径

用前景色填充路径，有以下几种方法。

使用"路径"控制面板弹出式菜单：建立路径，如图 2-193 所示。单击"路径"控制面板右上方的 ▼≡ 图标，在弹出式菜单中选择"填充路径"命令，弹出"填充路径"对话框，如图 2-194所示，设置好后单击"确定"按钮。用前景色填充路径的效果如图 2-195 所示。

| 图 2-193 | 图 2-194 | 图 2-195 |

"填充路径"对话框中的选项说明如下。

"内容"选项组：用于设定使用的填充颜色或图案。"模式"选项：用于设定混合模式。"不透明度"选项：用于设定填充的不透明度。"保留透明区域"选项：用于保护图像中的透明区域。"羽化半径"选项：用于设定柔化边缘的数值。"消除锯齿"选项：用于清除边缘的锯齿。

使用"路径"控制面板按钮：单击"路径"控制面板中的"用前景色填充路径"按钮 ● ；按住 Alt 键，单击"路径"控制面板中的"用前景色填充路径"按钮 ● ，弹出"填充路径"对话框。

9. 椭圆工具

椭圆工具可以用来绘制椭圆或圆形。启用"椭圆"工具 ● 有以下两种方法。

选择"椭圆"工具 ● ，或反复按 Shift+U 组合键。其属性栏将显示如图 2-196 所示的状态。椭圆工具属性栏中的选项内容与矩形工具属性栏的选项内容类似。

图 2-196

打开一幅图像，如图 2-197 所示。在图像中绘制多个椭圆形，效果如图 2-198 所示。"图层"控制面板如图 2-199 所示。

| 图 2-197 | 图 2-198 | 图 2-199 |

边做边学——Photoshop CS6 图像制作案例教程

中等职业教育数字艺术类规划教材

2.4.5 【实战演练】制作优美插画

使用钢笔工具绘制线条图形，使用自定形状工具绘制心形，使用椭圆选框工具和画笔工具绘制装饰高光，使用添加图层样式命令为人物和建筑图片添加图层样式，使用横排文字工具添加文字。最终效果参看光盘中的"Ch02 > 效果 > 制作优美插画"，如图 2-200 所示。

图 2-200

2.5 综合演练——制作卡通插画

2.5.1 【案例分析】

卡通插画是为儿童卡通故事书所配的插画，要求插画的表现形式和画面效果能充分表达故事书的风格和思想，带给人可爱、放松的感觉。

2.5.2 【设计理念】

在设计制作过程中，大面积的使用亮丽的橙色，能带给人温暖、欢乐、放松的感觉。绿色的草地和树木带给人生机勃勃的景象。搭配色彩艳丽的房子使画面更具童话色彩，可爱的人物形象增添了活泼的气息。整个插画简洁可爱、直观活泼。

2.5.3 【知识要点】

使用椭圆工具绘制太阳、树木、草地和云图形，使用圆角矩形工具绘制树干，使用魔棒工具抠出房子和人物图片。最终效果参看光盘中的"Ch02 > 效果 > 制作卡通插画"，如图 2-201 所示。

图 2-201

2.6　综合演练——制作节日贺卡插画

2.6.1　【案例分析】

节日贺卡通常都会配有具有节日特色的插画，所以贺卡上的插画要具有祝福的寓意和节日特点。本案例要求插画制作的效果鲜明醒目，能够带给人美好的祝福。

2.6.2　【设计理念】

在设计制作过程中，由浅到深的蓝色背景带给人清爽和纯净的印象，营造出宁静、清新的氛围。树与山的搭配形象生动且用色丰富，增强了画面的远近变化和空间感。自由飞翔的仙鹤和祥云图案，在展现出美好祝福的同时，增添了活泼的氛围，给人节日的幸福和快乐感。整个画面具有浓厚的节日气息，符合大众审美。

2.6.3　【知识要点】

使用渐变工具和钢笔工具制作背景效果，使用自定形状工具绘制树图形，使用椭圆工具绘制山体图形，使用钢笔工具、填充命令和外发光命令制作云彩图形，使用画笔工具绘制亮光图形，使用投影命令添加图片黑色投影。最终效果参看光盘中的"Ch02 > 效果 > 制作节日贺卡插画"，如图 2-202 所示。

图 2-202

第**3**章 卡片设计

卡片是人们增进交流的一种载体，是传递信息、交流情感的一种方式。卡片的种类繁多，有邀请卡、祝福卡、生日卡、圣诞卡、新年贺卡等。本章以制作多个题材的卡片为例，介绍卡片的绘制方法和制作技巧。

课堂学习目标

- 掌握卡片的设计思路
- 掌握卡片的绘制方法和技巧

3.1 制作中秋贺卡

3.1.1 【案例分析】

中秋节是我国最重要的传统节日之一，主要活动都是围绕"月"进行的，中秋节月亮圆满，象征团圆，因而又叫"团圆节"。本案例要求体现出团圆、美满的寓意和对美好生活的向往之情。

3.1.2 【设计理念】

在设计制作过程中，深蓝色的背景营造出沉稳、静谧的氛围，给人积淀感。牡丹花的背景纹理与星光相互辉映，增添了画面的活泼感。如玉盘般明亮的圆月高挂空中，展现出月圆人圆的美好寓意。书法字和传统图形的运用体现出很强的文化气息，与主题相呼应。金黄色的文字醒目突出，让人印象深刻。最终效果参看光盘中的"Ch03 > 效果 > 制作中秋贺卡"，如图 3-1 所示。

图 3-1

3.1.3 【操作步骤】

步骤 1 按 Ctrl+N 组合键，新建一个文件，其宽度为 17cm，高度为 9cm，分辨率为 300 像素/

英寸，颜色模式为 RGB，背景内容为白色，单击"确定"按钮。

步骤 2　选择"渐变"工具 ，单击属性栏中的"点按可编辑渐变"按钮 ，弹出"渐变编辑器"对话框，将渐变色设为从深蓝色（其 R、G、B 的值分别为 20、50、93）到浅蓝色（其 R、G、B 的值分别为 0、88、150），如图 3-2 所示，单击"确定"按钮。在属性栏中选择"径向渐变"按钮 ，在图像窗口中由中间向上拖曳渐变，效果如图 3-3 所示。

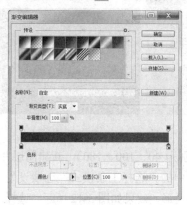

图 3-2

图 3-3

步骤 3　按 Ctrl+O 组合键，打开光盘中的"Ch03 > 素材 > 制作中秋贺卡 > 01"文件。选择"移动"工具 ，将 01 图片拖曳到图像窗口中适当的位置，效果如图 3-4 所示，在"图层"控制面板中生成新的图层并将其命名为"星光"。在"图层"控制面板上方，将"星光"图层的混合模式选项设为"浅色"，效果如图 3-5 所示。

图 3-4

图 3-5

步骤 4　单击"图层"控制面板下方的"添加图层蒙版"按钮 ，为"星光"图层添加蒙版，如图 3-6 所示。将前景色设为黑色。选择"画笔"工具 ，在属性栏中单击"画笔"选项右侧的 按钮，弹出画笔选择面板，在画笔选择面板中选择需要的画笔形状，选项的设置如图 3-7 所示。在图像窗口中的建筑物上进行涂抹，效果如图 3-8 所示。

图 3-6

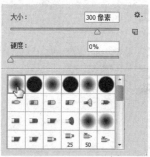

图 3-7

图 3-8

步骤 5　按 Ctrl+O 组合键，打开光盘中的"Ch03 > 素材 > 制作中秋贺卡 > 02"文件。选择"移动"工具 ，将 02 图片拖曳到图像窗口中适当的位置，效果如图 3-9 所示，在"图层"控制面板中生成新的图层并将其命名为"牡丹"。在"图层"控制面板上方，将该图层的混合模式选项设为"柔光"，"不透明度"选项设为 20%，如图 3-10 所示，效果如图 3-11 所示。

图 3-9　　　　　　　　　图 3-10　　　　　　　　　图 3-11

步骤 6　将前景色设为蓝色（其 R、G、B 的值分别为 40、100、180）。新建图层并将其命名为"高斯模糊"。选择"椭圆"工具 ，将属性栏中的"选择工具模式"选项设为"形状"，按住 Shift 键的同时，在图像窗口中拖曳鼠标绘制圆形，效果如图 3-12 所示。选择"滤镜 > 模糊 > 高斯模糊"命令，在弹出的对话框中进行设置，如图 3-13 所示。单击"确定"按钮，效果如图 3-14 所示。

图 3-12　　　　　　　　　图 3-13　　　　　　　　　图 3-14

步骤 7　将前景色设为淡黄色（其 R、G、B 的值分别为 253、251、221）。新建图层并将其命名为"月亮"。选择"椭圆"工具 ，按住 Shift 键的同时，在图像窗口中拖曳鼠标绘制圆形，效果如图 3-15 所示。

步骤 8　单击"图层"控制面板下方的"添加图层样式"按钮 ，在弹出的菜单中选择"外发光"命令，弹出对话框，将发光颜色设为黄色（其 R、G、B 的值分别为 252、241、68），其他选项的设置如图 3-16 所示。单击"确定"按钮，效果如图 3-17 所示。

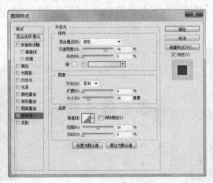

图 3-15　　　　　　　　　图 3-16　　　　　　　　　图 3-17

步骤 9 按 Ctrl＋O 组合键，打开光盘中的“Ch03 > 素材 > 制作中秋贺卡 > 03”文件。选择“移动”工具，将 03 图片拖曳到图像窗口中适当的位置，效果如图 3-18 所示，在“图层”控制面板中生成新的图层并将其命名为“中秋”。在“图层”控制面板上方，将该图层的混合模式选项设为“正片叠底”，如图 3-19 所示，效果如图 3-20 所示。

图 3-18

图 3-19

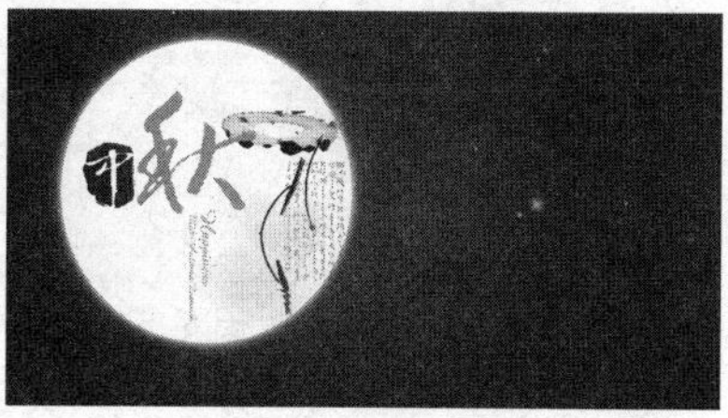

图 3-20

步骤 10 按 Ctrl+Alt+G 组合键，创建剪贴蒙版，如图 3-21 所示。按 Ctrl＋O 组合键，打开光盘中的“Ch03 > 素材 > 制作中秋贺卡 > 04”文件。选择“移动”工具，将 04 图片拖曳到图像窗口中适当的位置，效果如图 3-22 所示，在“图层”控制面板中生成新的图层并将其命名为“云”。

图 3-21

图 3-22

步骤 11 将前景色设为黄色（其 R、G、B 的值分别为 234、181、40）。选择“横排文字”工具 T，在属性栏中选择合适的字体并设置文字大小，在适当的位置输入需要的文字并选取文字，效果如图 3-23 所示，在“图层”控制面板中生成新的文字图层。

步骤 12 按 Ctrl＋O 组合键，打开光盘中的“Ch03 > 素材 > 制作中秋贺卡 > 05”文件。选择“移动”工具，将 05 图片拖曳到图像窗口中适当的位置，效果如图 3-24 所示，在“图层”控制面板中生成新的图层并将其命名为“祝福语”。

图 3-23

图 3-24

步骤 13 单击“图层”控制面板下方的“添加图层样式”按钮 fx，在弹出的菜单中选择“投影”命令，弹出对话框，将投影颜色设为红色（其 R、G、B 值分别为 149、30、35），其他选项的设置如图 3-25 所示，单击“确定”按钮，效果如图 3-26 所示。中秋贺卡制作完成。

中等职业教育数字艺术类规划教材

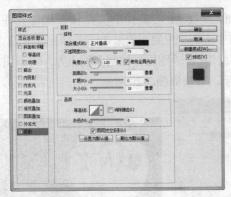

图 3-25

图 3-26

3.1.4 【相关工具】

1. 填充图形

◎ 油漆桶工具

启动"油漆桶"工具有以下两种方法。

选择"油漆桶"工具，或反复按 Shift+G 组合键。其属性栏状态如图 3-27 所示。

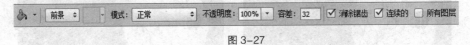

图 3-27

在油漆桶工具属性栏中，选项用于选择填充的是前景色或是图案；"模式"选项用于选择着色的模式；"不透明度"选项用于设定不透明度；"容差"选项用于设定色差的范围，数值越小，容差越小，填充的区域也越小；"消除锯齿"选项用于消除边缘锯齿；"连续的"选项用于设定填充方式；"所有图层"选项用于选择是否对所有可见层进行填充。

使用油漆桶工具：选择"油漆桶"工具，在油漆桶工具属性栏中对"容差"选项进行不同的设定，如图 3-28 和图 3-29 所示。原图像效果如图 3-30 所示。用油漆桶工具在图像中填充，不同的填充效果如图 3-31 和图 3-32 所示。

图 3-28

图 3-29

图 3-30　　　　　　　　图 3-31　　　　　　　　图 3-32

在油漆桶工具属性栏中对"填充"和"图案"选项进行设定，如图 3-33 所示。用油漆桶工具在图像中填充，效果如图 3-34 所示。

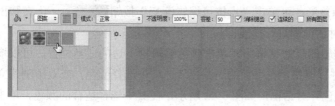

图 3-33

图 3-34

◎ **填充命令**

选择"编辑 > 填充"命令，弹出"填充"对话框，如图 3-35 所示。

使用：用于选择填充方式，包括使用前景色、背景色、颜色、内容识别、图案、历史记录、黑色、50%灰色、白色和自定图案进行填充。模式：用于设置填充模式。不透明度：用于设置不透明度。

填充颜色：在图像中绘制选区，如图 3-36 所示。选择"编辑 > 填充"命令，弹出"填充"对话框，选项的设置如图 3-37 所示。单击"确定"按钮取消选区，填充效果如图 3-38 所示。

图 3-35

图 3-36

图 3-37

图 3-38

技　巧　按 Alt+Backspace 组合键将使用前景色填充选区或图层；按 Ctrl+Backspace 组合键，将使用背景色填充选区或图层；按 Delete 键将删除选区中的图像，露出背景色或下面的图像。

2. 渐变填充

启用"渐变"工具 有以下两种方法。

选择"渐变"工具 ，或反复按 Shift+G 组合键。其属性栏状态如图 3-39 所示。

图 3-39

渐变工具包括"线性渐变"按钮 、"径向渐变"按钮 、"角度渐变"按钮 、"对称渐变"按钮 和"菱形渐变"按钮 。

在渐变工具属性栏中，"点按可编辑渐变"按钮  用于选择和编辑渐变的色彩；选项用于选择各类型的渐变工具；"模式"选项用于选择着色的模式；"不透明度"选项用于设定不透明度；"反向"选项用于产生反向色彩渐变的效果；"仿色"选项用于使渐变更平滑；"透明区域"选项用于产生不透明度。

如果要自行编辑渐变形式和色彩，可单击"点按可编辑渐变"按钮，在弹出的如图 3-40 所示的"渐变编辑器"对话框中进行操作即可。

设置渐变颜色：在"渐变编辑器"对话框中，单击颜色编辑框下边的适当位置，可以增加颜色，如图 3-41 所示。颜色可以进行调整，在下面的"颜色"选项中选择颜色，或双击刚建立的颜色按钮，弹出颜色"选择色标颜色"对话框，如图 3-42 所示，在其中选择适合的颜色，单击"确定"按钮，颜色就改变了。颜色的位置也可以进行调整，在"位置"选项中输入数值或用鼠标直接拖曳颜色滑块，都可以调整颜色的位置。

图 3-40

图 3-41

图 3-42

任意选择一个颜色滑块，如图 3-43 所示，单击下面的"删除"按钮或按 Delete 键，可以将颜色删除，如图 3-44 所示。

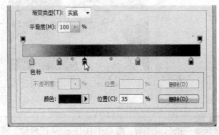

图 3-43

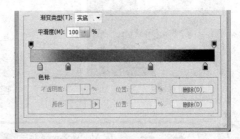

图 3-44

在"渐变编辑器"对话框中，单击颜色编辑框左上方的黑色按钮，如图 3-45 所示，再调整"不透明度"选项，可以使开始的颜色到结束的颜色显示透明的效果，如图 3-46 所示。

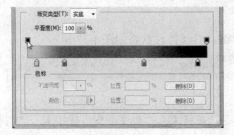

图 3-45

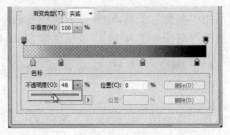

图 3-46

在"渐变编辑器"对话框中，单击颜色编辑框的上方，会出现新的色标，如图 3-47 所示。调整"不透明度"选项，可以使新色标的颜色向两边的颜色出现过渡式的透明效果，如图 3-48 所示。如果想删除终点，单击下面的"删除"按钮或按 Delete 键，即可将终点删除。

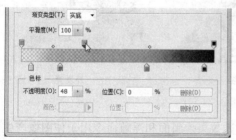
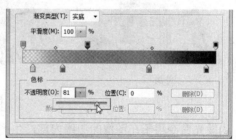

图 3-47　　　　　　　　　　　　　　　　　图 3-48

使用渐变工具：选择不同的渐变工具，在图像中单击并按住鼠标左键，拖曳鼠标到适当的位置，松开鼠标左键，可以绘制出不同的渐变效果，如图 3-49 所示。

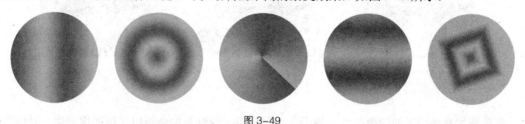

图 3-49

3. 图层样式

Photoshop CS6 提供了多种图层样式，可以单独为图像添加一种样式，也可以同时为图像添加多种样式。

单击"图层"控制面板右上方的图标，在弹出的下拉菜单中选择"混合选项"命令，弹出"混合选项"对话框，如图 3-50 所示。此对话框用于对当前图层进行特殊效果的处理。选择对话框左侧的任意选项，将弹出相应的效果面板。

还可以单击"图层"控制面板下方的"添加图层样式"按钮，弹出其下拉菜单，如图 3-51 所示。

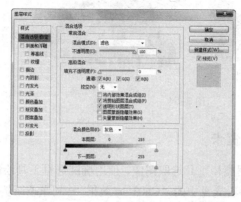

图 3-50　　　　　　　　　　　　　　图 3-51

投影命令用于使图像产生阴影效果，内阴影命令用于使图像内部产生阴影效果，外发光命令用于在图像的边缘外部产生一种辉光效果，如图 3-52 所示。

投影　　　　　　　　　　内阴影　　　　　　　　　　外发光

图 3-52

内发光命令用于在图像的边缘内部产生一种辉光效果，斜面和浮雕命令用于使图像产生一种倾斜与浮雕的效果，光泽命令用于使图像产生一种光泽效果，如图 3-53 所示。

内发光　　　　　　　　　　斜面和浮雕　　　　　　　　　　光泽

图 3-53

颜色叠加命令用于使图像产生一种颜色叠加效果，渐变叠加命令用于使图像产生一种渐变叠加效果，图案叠加命令用于在图像上添加图案效果，描边命令用于为图像描边，如图 3-54 所示。

颜色叠加　　　　　　　　　　渐变叠加

图案叠加　　　　　　　　　　描边

图 3-54

3.1.5 【实战演练】制作圣诞贺卡

使用磁性套索工具绘制选区，使用魔棒工具选取图像，使用椭圆选框工具绘制选区，使用移动工具移动选区中的图像。最终效果参看光盘中的"Ch03 > 效果 > 制作圣诞贺卡"，如图 3-55 所示。

图 3-55

3.2 　制作美容宣传卡

3.2.1　【案例分析】

美容中心主要针对的客户是热衷于化妆、美体的女性。这些客户大多是都市的白领和精英，她们关注自己的容貌，追求高质量的生活。本案例是为美容美发机构设计制作的宣传卡，要求能体现出美丽、健康、自信的主题。

3.2.2　【设计理念】

在设计和制作的过程中，粉红色的背景华丽而不失典雅，搭配细密的纹样给人高品质的印象，提升了机构的档次。具有现代感的人物形象在点明宣传主题的同时，给人时尚、自信、健康的印象。花朵的添加增添了活泼的气息，与人物外发光一起展现出画面的空间感和立体感。标志与文字使卡片更加完整，达到宣传的目的。最终效果参看光盘中的"Ch03 > 效果 > 制作美容宣传卡"，如图 3-56 所示。

图 3-56

3.2.3　【操作步骤】

1. 制作背景效果

步骤 1　按 Ctrl+N 组合键，新建一个文件，其宽度为 9 厘米，高度为 5.5 厘米，分辨率为 300 像素/英寸，颜色模式为 RGB，背景内容为白色，单击"确定"按钮。

步骤 2　选择"渐变"工具 ，单击属性栏中的"点按可编辑渐变"按钮 ，弹出"渐变编辑器"对话框，将渐变色设为从红色（其 R、G、B 值分别为 218、3、38）到浅红色（其

R、G、B 值分别为 253、64、92），如图 3-57 所示，单击"确定"按钮。选中属性栏中的"径向渐变"按钮，在图像窗口中从左上方向右下方拖曳渐变色，松开鼠标，效果如图 3-58 所示。

图 3-57　　　　　　　　　　　图 3-58

步骤 3 选择"滤镜 > 滤镜库"命令，在弹出的对话框中进行设置，如图 3-59 所示。单击"确定"按钮，效果如图 3-60 所示。

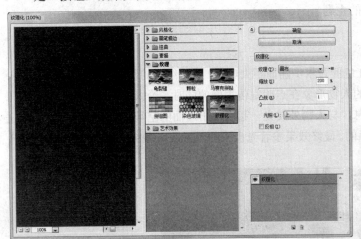

图 3-59　　　　　　　　　　　图 3-60

2. 添加并编辑素材图片

步骤 1 按 Ctrl+O 组合键，打开光盘中的"Ch03 > 素材 > 美容体验卡 > 01"文件。选择"移动"工具，将 01 图片拖曳到图像窗口中的适当位置并调整其大小，效果如图 3-61 所示，在"图层"控制面板中生成新的图层并将其命名为"人物"。

步骤 2 单击"图层"控制面板下方的"添加图层样式"按钮，在弹出的菜单中选择"外发光"命令，弹出对话框，单击"等高线"选项右侧的图标，在弹出的面板中选择需要的等高线样式，如图 3-62 所示，其他选项的设置如图 3-63 所示。单击"确定"按钮，效果如图 3-64 所示。

图 3-61

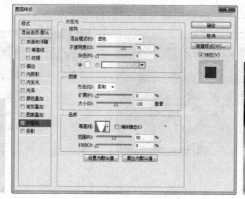

| 图 3-62 | 图 3-63 | 图 3-64 |

步骤 3 按 Ctrl+O 组合键，打开光盘中的"Ch03 > 素材 > 美容体验卡 > 02"文件。选择"移动"工具 ，将 02 图片拖曳到图像窗口中的适当位置并调整其大小，效果如图 3-65 所示，在"图层"控制面板中生成新的图层并将其命名为"花朵"。

步骤 4 单击"图层"控制面板下方的"添加图层样式"按钮 fx，在弹出的菜单中选择"投影"命令，将投影颜色设为枣红色（其 R、G、B 的值分别为 178、66、27），其他选项的设置如图 3-66 所示，单击"确定"按钮，效果如图 3-67 所示。

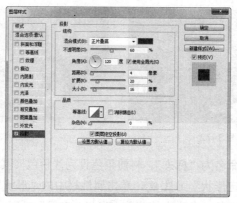

| 图 3-65 | 图 3-66 | 图 3-67 |

步骤 5 选择"多边形套索"工具 ，在图像窗口中适当位置绘制选区，如图 3-68 所示。按 Ctrl+J 组合键复制选区中的图像，在"图层"控制面板中生成新的图层并将其命名为"花朵 2"，如图 3-69 所示。

| 图 3-68 | 图 3-69 |

步骤 6 选择"移动"工具 ，将复制的图形拖曳到图像窗口的适当位置，并调整其大小，如图 3-70 所示。用相同的方法复制另外一个图形，并调整其大小和位置，如图 3-71 所示，在

"图层"控制面板中生成新的图层并将其命名为"花朵3"。

图 3-70

图 3-71

3. 添加文字和标志图形

步骤 1 将前景色设为浅粉色（其 R、G、B 的值分别为 255、187、187）。选择"横排文字"工具 T，分别在适当的位置输入需要的文字并选取文字，在属性栏中分别选择合适的字体并设置文字大小，效果如图 3-72 所示，在"图层"控制面板中生成新的文字图层。

步骤 2 新建图层并将其命名为"方块"。将前景色设为暗红色（其 R、G、B 的值分别为 174、3、28）。选择"矩形"工具 ■，将属性栏中的"选择工具模式"选项设为"像素"，在图像窗口中拖曳鼠标绘制矩形，效果如图 3-73 所示。

图 3-72

图 3-73

步骤 3 新建图层并将其命名为"标志"。将前景色设为浅粉色（其 R、G、B 的值分别为 255、187、187）。选择"自定形状"工具 ，单击属性栏中的"形状"选项，弹出"形状"面板，单击面板右上方的 按钮，在弹出的菜单中选择"自然"选项，弹出提示对话框，单击"追加"按钮，在形状面板中选择需要的形状，如图 3-74 所示。将属性栏中的"选择工具模式"选项设为"像素"，在图像窗口中拖曳鼠标绘制图形，效果如图 3-75 所示。

步骤 4 按住 Alt 键的同时，将鼠标放在"标志"图层和"方块"图层的中间，鼠标光标变为 图标，单击鼠标，创建剪切蒙版，效果如图 3-76 所示。

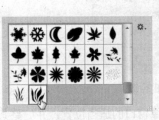
图 3-74

图 3-75

图 3-76

步骤 5 将前景色设为黑色。选择"横排文字"工具 **T**，在适当的位置输入需要的文字并选取文字，在属性栏中选择合适的字体并设置文字大小，效果如图 3-77 所示，在"图层"控制面板中生成新的文字图层。美容体验卡制作完成，效果如图 3-78 所示。

图 3-77

图 3-78

3.2.4 【相关工具】

1. 矩形工具

启用"矩形"工具 ■ 有以下两种方法。

选择"矩形"工具 ■，或反复按 Shift+U 组合键。其属性栏状态如图 3-79 所示。

图 3-79

在矩形工具属性栏中， 形状 选项用于选择创建路径形状、创建工作路径或填充区域； 填充： 描边： 3点 选项用于设置矩形的填充色、描边色、描边宽度和描边类型；W: ⊖ H: 选项用于设置矩形的宽度和高度； ■ ■ ■ 选项用于设置路径的组合方式、对齐方式和排列方式； ⚙ 选项用于设定所绘制矩形的形状；"对齐边缘"选项用于设定边缘的对齐。

原始图像如图 3-80 所示。在图像中绘制矩形，效果如图 3-81 所示。"图层"控制面板中的效果如图 3-82 所示。

图 3-80

图 3-81

图 3-82

2. 圆角矩形工具

启用"圆角矩形"工具 ■ 有以下两种方法。

选择"圆角矩形"工具 ■，或反复按 Shift+U 组合键。其属性栏状态如图 3-83 所示。

圆角矩形属性栏中的选项内容与矩形工具属性栏的选项内容类似，只多了一项"半径"选项，用于设定圆角矩形的平滑程度，数值越大越平滑。

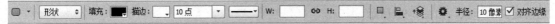

图 3-83

可以应用此工具制作胶片的效果。打开一幅图片，如图 3-84 所示。选择"圆角矩形"工具，在属性栏中的"选择工具模式"选项中选择"像素"选项，并将"半径"设置为 100 像素，在图片中绘制圆角矩形，效果如图 3-85 所示。

图 3-84

图 3-85

3. 自定形状工具

自定形状工具可以用来绘制一些自定义的图形。下面具体讲解自定形状工具的使用方法和操作技巧。启用"自定形状"工具有以下两种方法。

选择"自定形状"工具，或反复按 Shift+U 组合键。其属性栏状态如图 3-86 所示。

自定形状工具属性栏中的选项内容与矩形工具属性栏的选项内容类似，只多了一项"形状"选项，用于选择所需的形状。

图 3-86

单击"形状"选项右侧的按钮，弹出如图 3-87 所示的形状面板。面板中存储了可供选择的各种不规则形状。

打开一幅图像，如图 3-88 所示。在图像中绘制出不同的形状，效果如图 3-89 所示。"图层"控制面板如图 3-90 所示。

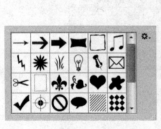

图 3-87

图 3-88

图 3-89

图 3-90

可以应用定义自定形状命令来制作并定义形状。使用"钢笔"工具在图像窗口中绘制形状图形，如图 3-91 所示。

选择"编辑 > 定义自定形状"命令，弹出"形状名称"对话框，在"名称"选项的文本框中输入自定形状的名称，如图 3-92 所示。单击"确定"按钮，在"形状"选项的面板中将会显示之前定义的形状，如图 3-93 所示。

图 3-91　　　　　　　图 3-92　　　　　　　　图 3-93

4. 直线工具

直线工具可以用来绘制直线或带有箭头的线段。启用"直线"工具 ⟋ 有以下两种方法。

选择"直线"工具 ⟋ ，或反复按 Shift+U 组合键。其属性栏状态如图 3-94 所示。

直线工具属性栏中的选项内容与矩形工具属性栏的选项内容类似，只多了一项"粗细"选项，用于设定直线的宽度。

图 3-94

单击属性栏中的 ✿ 按钮，弹出"箭头"面板，如图 3-95 所示。

"起点"选项用于选择箭头位于线段的始端；"终点"选项用于选择箭头位于线段的末端；"宽度"选项用于设定箭头宽度和线段宽度的比值；"长度"选项用于设定箭头长度和线段宽度的比值；"凹度"选项用于设定箭头凹凸的形状。

打开一幅图像，如图 3-96 所示。在图像中绘制出不同效果带有箭头的线段，如图 3-97 所示。"图层"控制面板中的效果如图 3-98 所示。

图 3-95　　　　　图 3-96　　　　　　　图 3-97　　　　　　图 3-98

5. 多边形工具

多边形工具可以用来绘制正多边形、星形等。下面具体讲解多边形工具的使用方法和操作技巧。启用"多边形"工具 ⬡ 有以下两种方法。

选择"多边形"工具 ⬡ ，或反复按 Shift+U 组合键。其属性栏状态如图 3-99 所示。

多边形工具属性栏中的选项内容与矩形工具属性栏的选项内容类似，只多了一项"边"选项，用于设定多边形的边数。

图 3-99

打开一幅图像，如图 3-100 所示。单击属性栏中的 ⚙ 按钮，在弹出的面板中进行设置，如图 3-101 所示。在图像中绘制多边形，效果如图 3-102 所示。"图层"控制面板中的效果如图 3-103 所示。

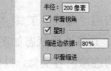

| 图 3-100 | 图 3-101 | 图 3-102 | 图 3-103 |

3.2.5 【实战演练】制作购物卡

使用椭圆工具和图层面板制作背景装饰，使用钢笔工具绘制形状区域画面，使用画笔工具和渐变工具制作电器投影，使用横排文字工具添加宣传文字，使用自定形状工具添加形状，使用星形工具绘制星形。最终效果参看光盘中的"Ch03 > 效果 > 制作购物卡"，如图 3-104 所示。

图 3-104

3.3 / 制作新婚卡片

3.3.1 【案例分析】

在婚礼举行前需要给亲朋好友发送婚礼贺卡，婚礼贺卡的设计应精美雅致，创造出喜庆、浪漫、温馨的气氛，使被邀请者体会到主人的热情与诚意，感受到亲切和喜悦，给人梦幻和幸福感。

3.3.2 【设计理念】

在设计制作上，通过粉红色的心形背景营造出幸福与甜美的氛围。心形的设计主体，寓意心心相印、永不分离的主题。花束的添加在丰富画面的同时，增添了梦幻与温馨感。最后通过文字烘托出卡片主题，展示温柔浪漫之感。最终效果参看光盘中的"Ch03 > 效果 > 制作婚礼卡片"，如图 3-105 所示。

图 3-105

3.3.3 【操作步骤】

步骤 1 按 Ctrl+O 组合键，打开光盘中的"Ch03 > 素材 > 制作新婚卡片 > 01"文件，如图 3-106 所示。

步骤 2 新建图层生成"图层 1"。将前景色设为粉红色（其 R、G、B 的值分别为 255、228、242）。选择"自定形状"工具 ，单击属性栏中的"形状"选项，弹出"形状"面板，在面板中选中需要的图形，如图 3-107 所示。在属性栏中的"选择工具模式"选项中选择"像素"，按住 Shift 键的同时，在图像窗口中拖曳鼠标绘制图形，效果如图 3-108 所示。

图 3-106　　　　　　　　图 3-107　　　　　　　　图 3-108

步骤 3 按住 Alt 键的同时，拖曳图像到适当的位置，复制图像。按 Ctrl+T 组合键，在图形周围出现变换框，将鼠标光标放在变换框的控制手柄外边，光标变为旋转图标 ，拖曳鼠标将图形旋转到适当的角度，并调整其大小及位置，按 Enter 键确认操作，效果如图 3-109 所示。用相同方法绘制另一个心形，效果如图 3-110 所示。

步骤 4 在"图层"控制面板中，选择"图层 1"图层，按住 Shift 键的同时，单击"图层 1 副本 2"图层，将两个图层之间的图层同时选取。按 Ctrl+E 组合键合并图层并将其命名为"图案"，如图 3-111 所示。单击"背景"图层左侧的眼睛图标 ，将"背景"图层隐藏，如图 3-112 所示。

图 3-109　　　　图 3-110　　　　　图 3-111　　　　　图 3-112

步骤 5 选择"矩形选框"工具 ，在图像窗口中绘制矩形选区，如图 3-113 所示。选择"编辑 > 定义图案"命令，弹出"图案名称"对话框，设置如图 3-114 所示，单击"确定"按钮。按 Delete 键删除选区中的图像，按 Ctrl+D 组合键取消选区。单击"背景"图层左侧的空白图标 ，显示出隐藏的图层。

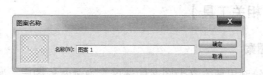

图 3-113　　　　　　　　　　图 3-114

步骤 6 　单击"图层"控制面板下方的"创建新的填充或调整图层"按钮 ，在弹出的菜单中选择"图案"命令，弹出"图案填充"对话框，选项设置如图 3-115 所示。单击"确定"按钮，图像效果如图 3-116 所示。

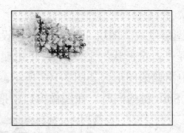

图 3-115 　　　　　　　　　　　　　　　图 3-116

步骤 7 　选择"图层 > 栅格化 > 图层"命令，栅格化图层，如图 3-117 所示。单击"图层"控制面板中的"图层蒙版缩览图"，选取缩览图，如图 3-118 所示。

图 3-117 　　　　　　　　　　　　　图 3-118

步骤 8 　将前景色设为黑色。选择"画笔"工具 ，在属性栏中单击"画笔"选项右侧的 按钮，弹出画笔选择面板，在画笔选择面板中选择需要的画笔形状，选项设置如图 3-119 所示。在图像窗口上进行涂抹，擦除不需要的图像，效果如图 3-120 所示。

步骤 9 　按 Ctrl+O 组合键，打开光盘中的"Ch03 > 素材 > 制作新婚卡片 > 02、03"文件。选择"移动"工具 ，分别将 02、03 图片拖曳到图像窗口的适当位置，效果如图 3-121 所示，在"图层"控制面板中分别生成新图层并将其命名为"装饰"、"文字"。新婚卡片制作完成。

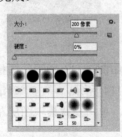　　　　

图 3-119 　　　　　　　　图 3-120 　　　　　　　　图 3-121

3.3.4 　【相关工具】

1. 定义图案

在图像上绘制出要定义为图案的选区，隐藏背景图层，如图 3-122 所示。选择"编辑 > 定义图案"命令，弹出"图案名称"对话框，如图 3-123 所示。单击"确定"按钮，图案定义完成。

删除选区中的内容，显示背景图层，按 Ctrl+D 组合键取消选区。

图 3-122

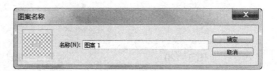

图 3-123

选择"编辑 > 填充"命令，弹出"填充"对话框，单击"自定图案"，在弹出的面板中选择新定义的图案，如图 3-124 所示。单击"确定"按钮，图案填充的效果如图 3-125 所示。

在"填充"对话框的"模式"下拉列表中选择不同的填充模式，如图 3-126 所示。单击"确定"按钮，填充的效果如图 3-127 所示。

图 3-124

图 3-125

图 3-126

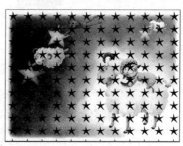

图 3-127

2. 描边命令

选择"编辑 > 描边"命令，弹出"描边"对话框，如图 3-128 所示。

描边：用于设定边线的宽度和颜色。

位置：用于设定所描边线相对于区域边缘的位置，包括内部、居中和居外 3 个选项。

混合：用于设置描边模式和不透明度。

选中要描边的图片并载入选区，如图 3-129 所示。选择"编辑 > 描边"命令，弹出"描边"对话框，如图 3-130 所示，在对话框中进行设置，单击"确定"按钮。按 Ctrl+D 组合键取消选区，图形的描边效果如图 3-131 所示。

图 3-128

图 3-129   图 3-130   图 3-131

3. 填充图层

当需要新建填充图层时，选择"图层 > 新建填充图层"命令，或单击"图层"控制面板下方的"创建新的填充和调整图层"按钮 ，弹出填充图层的 3 种方式，如图 3-132 所示。选择其中的一种方式，将弹出"新建图层"对话框，如图 3-133 所示。单击"确定"按钮，将根据选择的填充方式弹出相应的填充对话框。以"渐变填充"为例，如图 3-134 所示，单击"确定"按钮，"图层"控制面板和图像的效果分别如图 3-135 和图 3-136 所示。

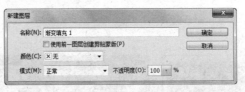

图 3-132   图 3-133

图 3-134   图 3-135   图 3-136

4. 显示和隐藏图层

单击"图层"控制面板中的任意一个图层左侧的眼睛图标 即可隐藏该图层。隐藏图层后，单击左侧的空白图标 即可显示隐藏的图层。

按住 Alt 键的同时，单击"图层"控制面板中的任意一个图层左侧的眼睛图标 ，此时，"图层"控制面板中将只显示这个图层，其他图层被隐藏。

3.3.5 【实战演练】制作学习卡

使用矩形工具绘制背景效果，使用定义图案命令定义背景图案，使用图案填充命令填充图案，使用文本工具添加文字内容，使用星形工具和矩形工具制作装饰图形，使用添加图层样式命令和描边命令制作文字效果。最终效果参看光盘中的"Ch03 > 效果 > 制作学习卡"，如图 3-137 所示。

图 3-137

3.4　综合演练——制作蛋糕代金卡

3.4.1　【案例分析】

代金卡是商家的一种优惠活动，可以在商店等消费场所代替金钱使用。本案例是为蛋糕店设计制作的代金卡，在设计中要求能体现出商店特色，给人美味、精致的印象。

3.4.2　【设计理念】

在设计制作上，白色的背景给人干净、整洁的印象，展现出商店的经营环境。精致的产品展示在体现出经营特点的同时，展示出了蛋糕美味、精巧的特点，能引起人们的食欲。金色的文字设计提升了卡片的档次。清晰简洁的介绍文字直观醒目，让人一目了然。

3.4.3　【知识要点】

使用图层蒙版和渐变工具制作背景图，使用钢笔工具和剪贴蒙版添加蛋糕图片，使用图层样式命令制作文字投影，使用横排文字工具添加介绍性文字。最终效果参看光盘中的“Ch03 > 效果 > 制作蛋糕代金卡”，如图 3-138 所示。

图 3-138

3.5　综合演练——制作春节贺卡

3.5.1　【案例分析】

春节是中国的传统节日，也是中国人最重视和团圆的佳节，所以春节贺卡也是节日祝福的一个重要方式。本案例要求在设计过程中体现中国传统节日的特色。

3.5.2 【设计理念】

在设计制作上，使用红色作为卡片的设计主体色，营造出吉祥、喜气的氛围。使用具有中国特色的花朵、传统纹样及剪纸的马图案，象征马年吉祥、富贵荣华的寓意，给人美好的祝福。文字设计也独具传统特色，与整体卡片相呼应。整体设计简洁大气，具有中国特色。

3.5.3 【知识要点】

使用钢笔工具和图层蒙版制作背景底图，使用文本工具添加卡片信息，使用椭圆工具和矩形工具绘制装饰图形。最终效果参看光盘中的"Ch03 > 效果 > 制作春节贺卡"，如图 3-139 所示。

图 3-139

第4章 照片模板设计

使用照片模板可以为照片快速添加图案、文字和特效。照片模板主要用于日常照片的美化处理或影楼的后期设计。本章以制作多个主题的照片模板为例，介绍照片模板的设计方法和制作技巧。

 课堂学习目标

- 掌握照片模板的设计思路和设计手法
- 掌握照片模板的制作方法和技巧

4.1 制作多彩儿童照片模板

4.1.1 【案例分析】

童年照片承载着许多温馨甜蜜的记忆，所以许多家长都希望为自己的孩子制作一个漂亮又具有特色的照片。本案例是制作多彩儿童照片模板，要求表现出儿童的纯真可爱。

4.1.2 【设计理念】

在设计制作过程中，使用鲜亮的色彩和植物图案作为背景，在吸引人们眼球的同时，展现了希望孩子茁壮成长的美好祝愿。以不规则摆放的相框体现出现孩子的可爱面庞，展现出活泼的氛围。整幅画面颜色丰富，搭配适当，温馨可爱。最终效果参看光盘中的"Ch04＞ 效果 ＞ 制作多彩儿童照片模板"，如图4-1所示。

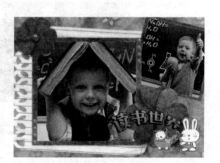

图4-1

4.1.3 【操作步骤】

步骤 1 按 Ctrl+O 组合键，打开光盘中的"Ch04＞ 素材 ＞ 制作多彩儿童照片模板 ＞01"文件，效果如图4-2所示。

步骤 2 在"图层"控制面板中，将"背景"图层拖曳到控制面板下方的"创建新图层"按钮 上进行复制，生成新的图层"背景 副本"。

步骤 3 选择"滤镜 ＞ 模糊 ＞ 高斯模糊"命令，在弹出的对话框中进行设置，如图4-3所示，单击"确定"按钮，效果如图4-4所示。

图 4-2

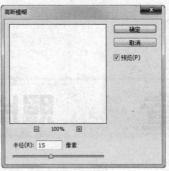
图 4-3

图 4-4

步骤 4 在"图层"控制面板上方,将该图层的混合模式设为"正片叠底","填充"选项设为 68%,如图 4-5 所示,图像效果如图 4-6 所示。将前景色设为白色。选择"钢笔"工具 , 将属性栏中的"选择工具模式"选项设为"形状",拖曳鼠标绘制形状,如图 4-7 所示。

图 4-5

图 4-6

图 4-7

步骤 5 按 Ctrl+O 组合键,打开光盘中的"Ch04 > 素材 > 制作多彩儿童照片模板 > 02"文件。 选择"移动"工具 ,将 02 图片拖曳到图像窗口中适当的位置,如图 4-8 所示,在"图层" 控制面板中生成新图层并将其命名为"人物"。按 Ctrl+Alt+G 组合键,为"人物"图层创建 剪贴蒙版,效果如图 4-9 所示。

图 4-8

图 4-9

步骤 6 选择"钢笔"工具 ,拖曳鼠标绘制形状,如图 4-10 所示。按 Ctrl+O 组合键,打开 光盘中的"Ch04 > 素材 > 制作多彩儿童照片模板 > 03"文件。选择"移动"工具 ,将 03 图片拖曳到图像窗口中适当的位置,调整其大小和角度,如图 4-11 所示,在"图层"控 制面板中生成新图层并将其命名为"人物 02"。按 Ctrl+Alt+G 组合键,为图层创建剪贴蒙版, 效果如图 4-12 所示。

图 4-10   图 4-11   图 4-12

步骤 7 选择"横排文字"工具 T，在适当的位置输入需要的文字并选取文字，在属性栏中选择合适的字体和文字大小，效果如图 4-13 所示，在"图层"控制面板中生成新的文字图层。

步骤 8 选择"文字 > 文字变形"命令，在弹出的对话框中进行设置，如图 4-14 所示。单击"确定"按钮，效果如图 4-15 所示。

 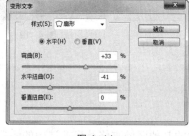 

图 4-13   图 4-14   图 4-15

步骤 9 单击"图层"控制面板下方的"添加图层样式"按钮 *fx*，在弹出的菜单中选择"描边"命令，弹出对话框，将描边颜色设为深绿色（其 R、G、B 值分别为 0、86、64），其他选项的设置如图 4-16 所示。单击"渐变叠加"选项，切换到相应的对话框，单击"渐变"选项右侧的"点按可编辑渐变"按钮 ▬▬▬ ▼，弹出"渐变编辑器"对话框，将渐变色设为从橙黄色（其 R、G、B 值分别为 232、206、61）到绿色（其 R、G、B 值分别为 107、171、65），单击"确定"按钮。返回"渐变叠加"对话框，选项的设置如图 4-17 所示。

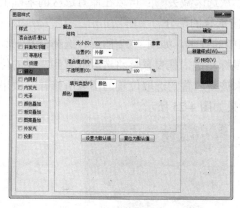 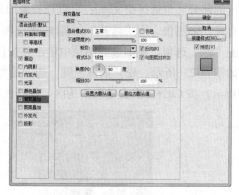

图 4-16   图 4-17

步骤 10 单击"投影"选项，切换到相应的对话框，将投影颜色设为红色（其 R、G、B 值分别为 168、30、52），其他选项的设置如图 4-18 所示。单击"确定"按钮，效果如图 4-19 所示。

步骤 11 按 Ctrl+O 组合键,打开光盘中的"Ch04 > 素材 > 制作多彩儿童照片模板 > 04"文件。选择"移动"工具 ,将 04 图片拖曳到图像窗口中适当的位置,调整其大小和角度,如图 4-20 所示,在"图层"控制面板中生成新图层并将其命名为"可爱卡通"。多彩儿童照片模板制作完成。

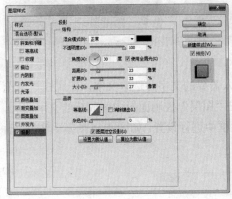

图 4-18   图 4-19   图 4-20

4.1.4 【相关工具】

1. 修补工具

修补工具可以用图像中的其他区域来修补当前选中的需要修补的区域,也可以使用图案来修补需要修补的区域。启用"修补"工具 有以下两种方法。

选择"修补"工具 ,或反复按 Shift+J 组合键。其属性栏状态如图 4-21 所示。

图 4-21

：选择修补选区方式的选项。新选区 ：可以去除旧选区,绘制新选区。添加到选区 ：可以在原有选区的基础上再增加新的选区。从选区减去 ：可以在原有选区的基础上减去新选区的部分。与选区交叉 ：可以选择新旧选区重叠的部分。

打开一幅图像,用"修补"工具 圈选图像中的香水,如图 4-22 所示。选择修补工具属性栏中的"源"选项,在圈选的图像中单击并按住鼠标左键,拖曳鼠标将选区放置到需要的位置,效果如图 4-23 所示。松开鼠标左键,选中的香水被新放置的选取位置的图像所修补,效果如图 4-24 所示。按 Ctrl+D 组合键取消选区,修补的效果如图 4-25 所示。

图 4-22   图 4-23

图 4-24　　　　　　　　　　　　　　图 4-25

选择修补工具属性栏中的"目标"选项，用"修补"工具  圈选图像中的区域，效果如图 4-26 所示。再将选区拖曳到要修补的图像区域，如图 4-27 所示。圈选图像中的区域修补了图像中的香水，如图 4-28 所示。按 Ctrl+D 组合键取消选区，修补效果如图 4-29 所示。

图 4-26　　　　　　　　　　　　　　图 4-27

图 4-28　　　　　　　　　　　　　　图 4-29

2. 仿制图章工具

启用"仿制图章"工具 有以下两种方法。

选择"仿制图章"工具 ，或反复按 Shift+S 组合键。其属性栏状态如图 4-30 所示。

图 4-30

"画笔预设"选取器：用于选择画笔。"切换画笔面板"按钮 ：单击可打开"画笔"控制面板。"切换仿制源面板"按钮 ：单击可打开"仿制源"控制面板。"模式"选项：用于选择混合模式。"不透明度"选项：用于设定不透明度。"流量"选项：用于设定扩散的速度。"对齐"选项：用于控制在复制时是否使用对齐功能。"样本"选项：用来在选中的图层中进行像素取样，它有 3 种不同的样本类型，即"当前图层"、"当前和下方图层"和"所有图层"。

选择"仿制图章"工具 ，将其拖曳到图像中需要复制的位置，按住 Alt 键，鼠标指针由仿制图章图标变为圆形十字图标⊕，如图 4-31 所示。单击鼠标左键，定下取样点，松开鼠标左键，在合适的位置单击并按住鼠标左键，拖曳鼠标复制出取样点及其周围的图像，效果如图 4-32 所示。

图 4-31　　　　　　　　　　　图 4-32

3. 红眼工具

红眼工具可修补用闪光灯拍摄的人物照片中的红眼。启用"红眼"工具有以下两种方法。选择"红眼"工具，或反复按 Shift+J 组合键。其属性栏状态如图 4-33 所示。

图 4-33

"瞳孔大小"选项用于设置瞳孔的大小；"变暗量"选项用于设置瞳孔的暗度。

打开一幅人物照片，如图 4-34 所示。选择"红眼"工具，在属性栏中进行设置，如图 4-35 所示。在照片中瞳孔的位置单击，如图 4-36 所示，去除照片中的红眼，效果如图 4-37 所示。

图 4-34　　　　　　　　　　图 4-35

图 4-36　　　　　　　　　　图 4-37

4. 模糊滤镜

模糊滤镜可以使图像中过于清晰或对比度强烈的区域产生模糊效果。此外，也可用于制作柔和阴影。模糊效果滤镜菜单如图 4-38 所示。应用不同滤镜制作出的效果如图 4-39 所示。

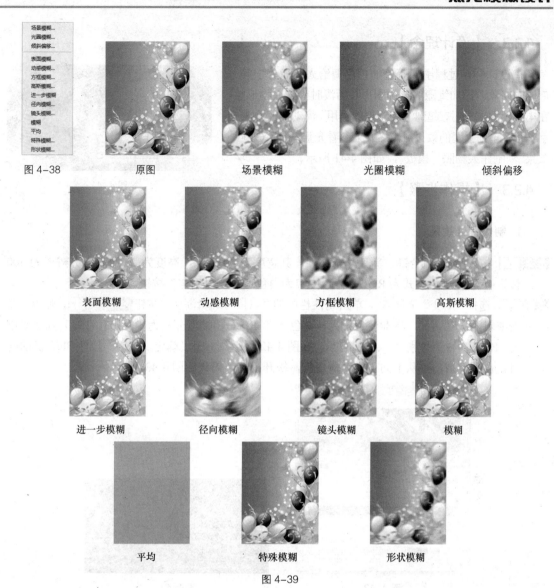

图 4-38　　原图　　　　场景模糊　　　　光圈模糊　　　　倾斜偏移

表面模糊　　　　动感模糊　　　　方框模糊　　　　高斯模糊

进一步模糊　　　径向模糊　　　　镜头模糊　　　　模糊

平均　　　　　特殊模糊　　　　形状模糊

图 4-39

4.1.5　【实战演练】制作大头贴

使用仿制图章工具修补照片，使用钢笔工具、图层样式命令和剪贴蒙版命令制作照片效果。最终效果参看光盘中的"Ch04 > 效果 > 制作大头贴"，如图 4-40 所示。

图 4-40

4.2　制作人物照片模板

4.2.1　【案例分析】

本案例是为摄影公司制作的人物照片模板，摄影公司的照片模板要求具有艺术效果，并且制作出时尚活力的感觉。

4.2.2 【设计理念】

在设计制作过程中，蓝色的主色调给人澄澈、宁静、广阔的印象。添加绚丽的装饰图形和活泼时尚的人物形象，在丰富画面的同时，起到渲染气氛的作用。流动的光点与文字结合，起到强调的效果。最终效果参看光盘中的"Ch04 > 效果 > 制作人物照片模板"，如图 4-41 所示。

图 4-41

4.2.3 【操作步骤】

1. 制作背景效果

步骤 1 按 Ctrl+N 组合键，新建一个文件，其宽度为 40 厘米，高度为 20 厘米，分辨率为 300 像素/英寸，颜色模式为 RGB，背景内容为白色，单击"确定"按钮。

步骤 2 选择"渐变"工具，单击属性栏中的"点按可编辑渐变"按钮，弹出"渐变编辑器"对话框，将渐变色设为从蓝色（其 R、G、B 值分别为 9、105、182）到深蓝色（其 R、G、B 值分别为 2、49、77），如图 4-42 所示，单击"确定"按钮。按住 Shift 键的同时，在图像窗口中从上向下拖曳渐变色，松开鼠标，效果如图 4-43 所示。

图 4-42

图 4-43

步骤 3 按 Ctrl+O 组合键，打开光盘中的"Ch04 > 素材 > 制作人物照片模板 > 01"文件。选择"移动"工具，将 01 图片拖曳到图像窗口中的适当位置并调整其大小，效果如图 4-44 所示，在"图层"控制面板中生成新的图层并将其命名为"底图"。在控制面板上方，将该图层的"不透明度"选项设为 5%，如图 4-45 所示，图像效果如图 4-46 所示。

图 4-44

图 4-45

图 4-46

2. 添加并编辑图片和文字

步骤 1　按 Ctrl+O 组合键，打开光盘中的"Ch04 > 素材 > 制作人物照片模板 > 02、03"文件。选择"移动"工具，分别将 02、03 图片拖曳到图像窗口中的适当位置并调整其大小，效果如图 4-47 所示，在"图层"控制面板中生成新的图层并将其命名为"线条"、"花纹 1"。在控制面板上方，将"花纹 1"图层的"不透明度"选项设为 74%，如图 4-48 所示，效果如图 4-49 所示。

图 4-47　　　　　　　　图 4-48　　　　　　　　图 4-49

步骤 2　按 Ctrl+O 组合键，打开光盘中的"Ch04 > 素材 > 制作人物照片模板 > 04"文件。选择"移动"工具，将 04 图片拖曳到图像窗口中的适当位置并调整其大小，效果如图 4-50 所示，在"图层"控制面板中生成新的图层并将其命名为"人物 1"。

步骤 3　将前景色设置为黑色。单击"图层"控制面板下方的"添加图层蒙版"按钮，为"人物 1"图层添加蒙版。选择"画笔"工具，在属性栏中单击画笔图标右侧的按钮，弹出画笔选择面板，将"大小"选项设为 500 像素，"硬度"选项设为 0%，如图 4-51 所示。在属性栏中将"不透明度"选项设为 50%，流量选项设为 50%，在图像窗口中进行涂抹，效果如图 4-52 所示。

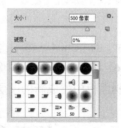

图 4-50　　　　　　　　图 4-51　　　　　　　　图 4-52

步骤 4　在"图层"控制面板上方，将"人物 1"图层的混合模式设为"明度"，"不透明度"选项设为 30%，如图 4-53 所示，图像效果如图 4-54 所示。

图 4-53　　　　　　　　　　图 4-54

步骤 5 按 Ctrl+O 组合键,打开光盘中的"Ch04 > 素材 > 制作人物照片模板 > 05"文件。选择"移动"工具 ,将 05 图片拖曳到图像窗口中的适当位置并调整其大小,效果如图 4-55 所示,在"图层"控制面板中生成新的图层并将其命名为"人物 2"。

图 4-55

步骤 6 单击"图层"控制面板下方的"添加图层样式"按钮 ,在弹出的菜单中选择"投影"命令,在弹出的对话框中进行设置,如图 4-56 所示。单击"描边"选项,切换到相应的对话框,将描边颜色设为白色,其他选项的设置如图 4-57 所示。单击"确定"按钮,效果如图 4-58 所示。

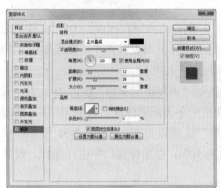

图 4-56　　　　　　　　　　图 4-57　　　　　　　　　图 4-58

步骤 7 按 Ctrl+O 组合键,打开光盘中的"Ch04 > 素材 > 阳光女孩照片模板 > 06、07"文件。选择"移动"工具 ,分别将 06、07 图片拖曳到图像窗口中的适当位置并调整其大小,效果如图 4-59 所示。在"图层"控制面板中生成新的图层并将其命名为"花纹 2"和"花纹 3",如图 4-60 所示。

图 4-59　　　　　　　　图 4-60

步骤 8 新建图层并将其命名为"星星"。将前景色设为白色。选择"画笔"工具 ,单击属性栏中的"切换画笔面板"按钮 ,弹出"画笔"控制面板,选择"画笔笔尖形状"选项,在弹出的画笔面板中选择需要的画笔形状,其他选项的设置如图 4-61 所示。选择"形状动态"

选项，切换到相应的面板，设置如图 4-62 所示。选择"散布"选项，切换到相应的面板，选项设置如图 4-63 所示。在图像窗口中拖曳鼠标绘制图形，效果如图 4-64 所示。

图 4-61　　　　　　图 4-62　　　　　　图 4-63　　　　　　图 4-64

步骤 9　选择"画笔"工具，在属性栏中单击"画笔"选项右侧的按钮，弹出画笔选择面板，单击面板右上方的按钮，在弹出的菜单中选择"混合画笔"命令，弹出提示对话框，单击"追加"按钮。在画笔选择面板中选择需要的画笔形状，如图 4-65 所示。按[和]键，调整画笔的大小，在图像窗口中多次单击，绘制出的效果如图 4-66 所示。

图 4-65　　　　　　　　图 4-66

步骤 10　按 Ctrl+O 组合键，打开光盘中的"Ch04 > 素材 > 制作人物照片模板 >08"文件。选择"移动"工具，将 08 图片拖曳到图像窗口中适当的位置并调整其大小，效果如图 4-67 所示，在"图层"控制面板中生成新的图层并将其命名为"人物 3"。

图 4-67

步骤 11　单击"图层"控制面板下方的"添加图层样式"按钮，在弹出的菜单中选择"斜面和浮雕"命令，弹出对话框，选项的设置如图 4-68 所示。单击"确定"按钮，效果如图 4-69 所示。

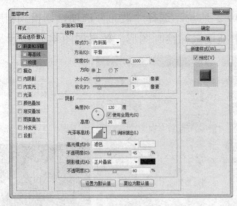

图 4-68

图 4-69

步骤 `12` 将"人物 3"图层拖曳到控制面板下方的"创建新图层"按钮 上进行复制,生成新的图层"人物 3 副本"。按 Ctrl+T 组合键,图形周围出现变换框,选取中心点并将其向下拖曳到下方中间的控制手柄上,再在变换框中单击鼠标右键,在弹出的快捷菜单中选择"垂直翻转"命令垂直翻转图像,按 Enter 键确认,效果如图 4-70 所示。

步骤 `13` 单击"图层"控制面板下方的"添加图层蒙版"按钮 ,为"人物 3 副本"图层添加蒙版,如图 4-71 所示。选择"渐变"工具 ,单击属性栏中的"点按可编辑渐变"按钮 ,弹出"渐变编辑器"对话框,将渐变色设为从白色到黑色,单击"确定"按钮。按住 Shift 键的同时,在图像窗口中从上往下拖曳渐变色,效果如图 4-72 所示。

图 4-70

图 4-71

图 4-72

步骤 `14` 按 Ctrl+O 组合键,打开光盘中的"Ch04 > 素材 > 制作人物照片模板 > 09、10"文件。选择"移动"工具 ,将 09、10 图片拖曳到图像窗口中的适当位置并调整其大小,效果如图 4-73 所示,在"图层"控制面板中生成新的图层并将其命名为"人物 4"和"人物 5"。用相同的方法制作图像的效果,如图 4-74 所示。

图 4-73

图 4-74

3. 添加装饰图形和文字

步骤 1 将前景色设置为白色。选择"横排文字"工具 T，分别在适当的位置输入需要的文字，选取文字，在属性栏中选择合适的字体和文字大小，效果如图 4-75 所示。在"图层"控制面板中生成新的文字图层，如图 4-76 所示。

步骤 2 按 Ctrl+O 组合键，打开光盘中的"Ch04 > 素材 > 制作人物照片模板 > 11"文件。选择"移动"工具 ，将 11 图片拖曳到图像窗口中的适当位置并调整其大小，效果如图 4-77 所示，在"图层"控制面板中生成新的图层并将其命名为"蝴蝶"。

| 图 4-75 | 图 4-76 | 图 4-77 |

步骤 3 新建图层并将其命名为"白色边缘"。将前景色设为白色。按 Alt+Delete 组合键，填充图层为白色。选择"椭圆选框"工具 ，在图像窗口中绘制出一个椭圆选区，如图 4-78 所示。

步骤 4 按 Shift+F6 组合键，在弹出的"羽化选区"对话框中进行设置，如图 4-79 所示，单击"确定"按钮，将选区羽化。按 Delete 键删除选区中的内容，按 Ctrl+D 组合键取消选区，图像效果如图 4-80 所示。阳光女孩照片模板制作完成。

| 图 4-78 | 图 4-79 | 图 4-80 |

4.2.4 【相关工具】

1. 亮度/对比度

选择"图像 > 调整 > 亮度/对比度"命令，弹出"亮度/对比度"对话框，如图 4-81 所示。在对话框中，可以通过拖曳亮度和对比度滑块来调整图像的亮度和对比度，"亮度/对比度"命令调整的是整个图像的色彩。

打开一幅图像，如图 4-82 所示。设置图像的亮度/对比度，如图 4-83 所示。单击"确定"按钮，图像效果如图 4-84 所示。

图 4-81　　　　　　　　　　图 4-82

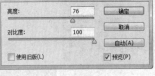

图 4-83　　　　　　　　　　图 4-84

2. 色相/饱和度

利用"色相/饱和度"命令，可以调节图像的色相和饱和度。选择"色相/饱和度"命令，或按 Ctrl+U 组合键，弹出"色相/饱和度"对话框。

在对话框中，"全图"选项用于选择要调整的色彩范围，可以通过拖曳各项中的滑块来调整图像的色彩、饱和度和明度；"着色"选项用于在由灰度模式转化而来的色彩模式图像中填加需要的颜色。

打开一幅图像，如图 4-85 所示。勾选"着色"复选框，"色相/饱和度"对话框中的选项设定如图 4-86 所示，图像效果如图 4-87 所示。

图 4-85　　　　　　　　图 4-86　　　　　　　　图 4-87

在"色相/饱和度"对话框中的"全图"选项中选择"黄色"，拖曳两条色带间的滑块，使图像的色彩更符合要求，如图 4-88 所示。单击"确定"按钮，图像效果如图 4-89 所示。

图 4-88　　　　　　　　　　图 4-89

3. 通道混合器

"通道混合器"命令用于调整图像通道中的颜色。选择"通道混合器"命令,弹出"通道混合器"对话框,如图 4-90 所示。在"通道混合器"对话框中,"输出通道"选项可以选取要修改的通道;"源通道"选项组可以通过拖曳滑块来调整图像;"常数"选项也可以通过拖曳滑块调整图像;"单色"选项可创建灰度模式的图像。

打开一幅图像,如图 4-91 所示,在"通道混合器"对话框中进行设置,图像效果如图 4-92 所示。所选图像的色彩模式不同,则"通道混合器"对话框中的内容也不同。

图 4-90   图 4-91   图 4-92

4. 渐变映射

"渐变映射"命令用于将图像的最暗和最亮色调映射为一组渐变色中的最暗和最亮色调。

打开一幅图像,如图 4-93 所示,选择"渐变映射"命令,弹出"渐变映射"对话框,如图 4-94 所示。单击"灰度映射所用的渐变"选项下方的色带,在弹出的"渐变编辑器"对话框中设置渐变色,如图 4-95 所示。单击"确定"按钮,图像效果如图 4-96 所示。

图 4-93   图 4-94

图 4-95   图 4-96

"灰度映射所用的渐变"选项可以选择不同的渐变形式;"仿色"选项用于为转变色阶后的图像增加仿色;"反向"选项用于将转变色阶后的图像颜色反转。

5. 图层的混合模式

图层的混合模式命令用于为图层添加不同的模式,使图层产生不同的效果。在"图层"控制面板中,"设置图层的混合模式"选项 正常 用于设定图层的混合模式,它包含 27 种模式。

打开一幅图像,如图 4-97 所示,"图层"控制面板中的效果如图 4-98 所示。

图 4-97   图 4-98

在对"人物"图层应用不同的图层模式后,图像效果如图 4-99 所示。

图 4-99

| 亮光 | 线性光 | 点光 | 实色混合 | 差值 |

| 排除 | 减去 | 划分 | 色相 | 饱和度 |

| 颜色 | 明度 |

图 4-99（续）

6. 调整图层

当需要对一个或多个图层进行色彩调整时，选择"图层 > 新建调整图层"命令，或单击"图层"控制面板下方的"创建新的填充或调整图层"按钮 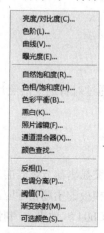，弹出调整图层的多种方式，如图 4-100 所示。选择其中的一种方式，将弹出"新建图层"对话框，如图 4-101 所示。

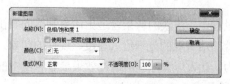

图 4-100　　　　　　　　　　图 4-101

选择不同的调整方式，将弹出不同的调整对话框，以调整"色相/饱和度"为例，如图 4-102 所示。在对话框中进行设置，"图层"控制面板和图像的效果分别如图 4-103 和图 4-104 所示。

图 4-102

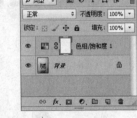
图 4-103

图 4-104

4.2.5 【实战演练】制作儿童成长照片模板

使用图层蒙版和画笔工具制作图片的融合效果。使用亮度/对比度命令调整图片的亮度。使用色相/饱和度命令调整图片颜色，使用矩形工具、图层样式命令和剪贴蒙版制作照片，使用变形文字命令制作宣传语。最终效果参看光盘中的"Ch04 > 效果 > 制作儿童成长照片模板"，如图 4-105 所示。

图 4-105

4.3　制作时尚炫酷照片模板

4.3.1 【案例分析】

本案例是为青年人设计制作的时尚炫酷照片模板，要求通过对普通生活照片的艺术处理体现现代时尚、青春活力的氛围。

4.3.2 【设计理念】

在设计制作过程中，浅淡的背景营造出清爽利落的氛围，突显出前方炫酷的人物图片。倾斜的版面设计和对照片简洁直观的处理给人速度、现代的印象，与模板的主题相呼应。整个画面清晰醒目，设计时尚活力，让人印象深刻。最终效果参看光盘中的"Ch04 > 效果 > 制作时尚炫酷照片模板"，如图 4-106 所示。

图 4-106

4.3.3　【操作步骤】

步骤 `1`　按 Ctrl+N 组合键，新建一个文件，其宽度为 20cm，高度为 14cm，分辨率为 254 像素/英寸，颜色模式为 RGB，背景内容为白色，单击"确定"按钮。选择"渐变"工具 ，单击属性栏中的"点按可编辑渐变"按钮 ，弹出"渐变编辑器"对话框，将渐变色设为从淡蓝（其 R、G、B 的值分别为 168、230、254）到天蓝色（其 R、G、B 的值分别为 78、191、251），如图 4-107 所示，单击"确定"按钮。选中属性栏中的"径向渐变"按钮 ，在图像窗口中从左上方向右下角拖曳渐变色，效果如图 4-108 所示。

图 4-107

图 4-108

步骤 `2`　按 Ctrl+O 组合键，打开光盘中的"Ch04 > 素材 > 制作时尚炫酷照片模板 > 01"文件。选择"移动"工具 ，将 01 图片拖曳到图像窗口的适当位置，并调整其大小，效果如图 4-109 所示。在"图层"控制面板中生成新图层并将其命名为"人物"。单击控制面板下方的"添加图层蒙版"按钮 ，为图层添加蒙版，如图 4-110 所示。

图 4-109

图 4-110

步骤 `3`　选择"画笔"工具 ，在属性栏中单击"画笔"选项右侧的·按钮，在弹出的画笔面板中选择需要的画笔形状，将"主直径"选项设为 300 像素，如图 4-111 所示。擦除不需要的图像，效果如图 4-112 所示。

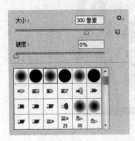

图 4-111

图 4-112

步骤 4 按 Ctrl+O 组合键，打开光盘中的"Ch04 > 素材 > 制作时尚炫酷照片模板 > 02"文件。选择"移动"工具 ⊕，将 02 图片拖曳到图像窗口的适当位置，并调整其大小，效果如图 4-113 所示，在"图层"控制面板中生成新图层并将其命名为"人物 2"。添加图层蒙版并使用画笔擦除不需要的图像，效果如图 4-114 所示。

图 4-113

图 4-114

步骤 5 单击"图层"控制面板下方的"创建新的填充或调整图层"按钮 ⊙.，在弹出的菜单中选择"曲线"命令，生成"曲线 1"图层，同时弹出"曲线"面板。选择"红"通道，在曲线上单击添加节点并拖曳到适当的位置，如图 4-115 所示。选择"绿"通道，在曲线上单击添加节点并拖曳到适当的位置，如图 4-116 所示。选择"蓝"通道，在曲线上单击添加节点并拖曳到适当的位置，如图 4-117 所示。按 Ctrl+Alt+G 组合键，创建剪贴蒙版，效果如图 4-118 所示。

图 4-115

图 4-116

图 4-117

图 4-118

步骤 6 新建图层并将其命名为"画笔"。将前景色设为白色。选择"画笔"工具 ✎，单击属性栏中的"切换画笔面板"按钮 ▣，在弹出的面板上进行设置，如图 4-119 所示。选择"形状动态"面板，切换到相应的面板，设置如图 4-120 所示。选择"散布"面板，切换到相应的面板，设置如图 4-121 所示。在图像窗口中拖曳鼠标绘制图形，效果如图 4-122 所示。

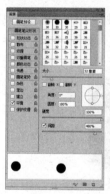

图 4-119　　　　图 4-120　　　　图 4-121　　　　　图 4-122

步骤 7 新建图层并将其命名为"线条"。将前景色设为绿色（其 R、G、B 的值分别为 15、99、47）。选择"画笔"工具 ✐，单击属性栏中"画笔"选项右侧的 按钮，弹出画笔面板，单击右上方的 ✿ 按钮，在弹出的菜单中选择"方头画笔"命令，弹出提示框，单击"追加"按钮。在面板中选择需要的画笔形状，如图 4-123 所示。单击"切换画笔面板"按钮 ▣，在弹出的面板上进行设置，如图 4-124 所示。按住 Shift 键，在图像窗口中拖曳鼠标绘制虚线，如图 4-125 所示。

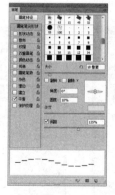

图 4-123　　　　　　图 4-124　　　　　　图 4-125

步骤 8 选择"横排文字"工具 T，分别在适当的位置输入需要的文字，选取文字，在属性栏中选择合适的字体、文字大小和颜色，效果如图 4-126 所示，在"图层"控制面板中分别生成新的文字图层。

步骤 9 在"图层"控制面板中，按住 Shift 键的同时，将文字图层和"线条"图层同时选取。按 Ctrl+T 组合键，在图像周围生成变换框，拖曳鼠标将其旋转到适当的角度，按 Enter 键确认操作，效果如图 4-127 所示。

图 4-126　　　　　　　图 4-127

步骤 10 新建图层并将其命名为"方形"。选择"矩形"工具 ▣ ，将属性栏中的"选择工具模式"选项设为"像素"，在图像窗口中绘制矩形，并旋转到适当的角度，如图 4-128 所示。用相同的方法绘制右侧的矩形，如图 4-129 所示。

图 4-128   图 4-129

步骤 11 选择"方形"图层。单击"图层"控制面板下方的"添加图层样式"按钮 fx. ，在弹出的菜单中选择"投影"命令，弹出对话框，设置如图 4-130 所示。单击"描边"选项，切换到相应的对话框，将描边颜色设为白色，其他选项的设置如图 4-131 所示。单击"确定"按钮，效果如图 4-132 所示。

步骤 12 在"方形"图层上单击鼠标右键，在弹出的快捷菜单中选择"拷贝图层样式"命令，选择"方形 2"图层，在弹出的菜单中选择"粘贴图层样式"命令，拷贝图层样式，如图 4-133 所示。

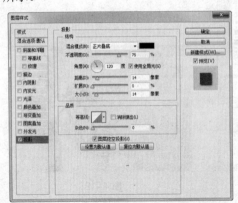
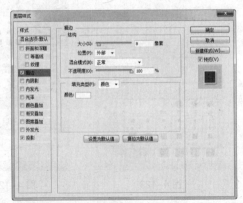

图 4-130   图 4-131

图 4-132   图 4-133

步骤 13 选择"方形"图层。按 Ctrl+O 组合键，打开光盘中的"Ch04 > 素材 > 制作时尚炫酷照片模板 > 03"文件。选择"移动"工具 ▸✛ ，将 03 图片拖曳到图像窗口的适当位置并调整其大小，效果如图 4-134 所示，在"图层"控制面板中生成新图层并将其命名为"人物"。按 Ctrl+Alt+G 组合键，创建剪贴蒙版，效果如图 4-135 所示。

步骤 14 将"人物"图层拖曳到控制面板下方的"创建新图层"按钮 ▢ 上进行复制，生成新的副本图层，并将其拖曳到"方形 2"图层的上方，创建剪贴蒙版，效果如图 4-136 所示。新建图层并将其命名为"图形"。将前景色设为蓝色（其 R、G、B 的值分别为 2、41、112）。选择"矩形"工具 ，在图像窗口中绘制矩形，如图 4-137 所示。时尚炫酷照片模板制作完成。

图 4-134

图 4-135

图 4-136

图 4-137

4.3.4 【相关工具】

1. 图像的色彩模式

Photoshop CS6 提供了多种色彩模式，这些色彩模式正是作品能够在屏幕和印刷品上成功表现的重要保障。在这些色彩模式中，经常使用的有 CMYK 模式、RGB 模式、Lab 模式以及 HSB 模式。另外，还有索引模式、灰度模式、位图模式、双色调模式、多通道模式等。这些模式都可以在模式菜单下选取，每种色彩模式都有不同的色域，并且各个模式之间可以互相转换。下面将介绍主要的色彩模式。

◎ CMYK 模式

CMYK 代表了印刷上用的 4 种油墨色：C 代表青色，M 代表洋红色，Y 代表黄色，K 代表黑色。CMYK 颜色控制面板如图 4-138 所示。

CMYK 模式在印刷时应用了色彩学中的减法混合原理，即减色色彩模式，它是图片、插图和其他 Photoshop CS6 作品中最常用的一种印刷方式。这是因为在印刷中通常都要进行四色分色，出四色胶片，然后再进行印刷。

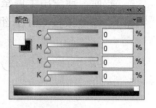

图 4-138

◎ RGB 模式

与 CMYK 模式不同的是，RGB 模式是一种加色模式，它通过红、绿、蓝 3 种色光相叠加而形成更多的颜色。RGB 是色光的彩色模式，一幅 24bit 的 RGB 模式图像有 3 个色彩信息的通道：红色（R）、绿色（G）和蓝色（B）。RGB 颜色控制面板如图 4-139 所示。

每个通道都有 8 bit 的色彩信息，即一个 0 ~ 255 的亮度值色域。也就是说，每一种色彩都有

256 个亮度水平级。3 种色彩相叠加,可以有 256×256×256=1670 万种可能的颜色。这 1670 万种颜色足以表现出绚丽多彩的世界。在 Photoshop CS6 中编辑图像时,RGB 色彩模式应是最佳的选择。

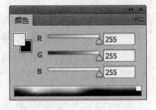

图 4-139

◎ 灰度模式

灰度模式,每个像素用 8 个二进制位表示,能产生 2 的 8 次方即 256 级灰色调。当一个彩色文件被转换为灰度模式文件时,所有的颜色信息都将从文件中丢失。尽管 Photoshop CS6 允许将一个灰度文件转换为彩色模式文件,但不可能将原来的颜色完全还原。所以,当要转换为灰度模式时,应先做好图像的备份。

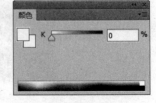

图 4-140

像黑白照片一样,一个灰度模式的图像只有明暗值,没有色相和饱和度这两种颜色信息。0%代表白,100%代表黑,其中的 K 值用于衡量黑色油墨用量。灰度颜色控制面板如图 4-140 所示。将彩色模式转换为双色调模式或位图模式时,必须先转换为灰度模式,然后由灰度模式转换为双色调模式或位图模式。

◎ Lab 模式

Lab 是 Photoshop CS6 中的一种国际色彩标准模式,它由 3 个通道组成:一个通道是透明度,即 L;其他两个是色彩通道,即色相和饱和度,用 a 和 b 表示。a 通道包括的颜色值从深绿到灰,再到亮粉红色;b 通道是从亮蓝色到灰,再到焦黄色。这种颜色混合后将产生明亮的色彩。

◎ 索引模式

在索引颜色模式下,最多只能存储一个 8 位色彩深度的文件,即最多 256 种颜色。这 256 种颜色存储在可以查看的色彩对照表中,当用户打开图像文件时,色彩对照表也一同被读入 Photoshop CS6 中,Photoshop CS6 在色彩对照表中找出最终的色彩值。

◎ 位图模式

位图模式为黑白位图模式。黑白位图模式是由黑白两种像素组成的图像,它通过组合不同大小的点,产生一定的灰度级阴影。使用位图模式可以更好地设定网点的大小、形状和角度,更完善地控制灰度图像的打印。

2. 色阶

"色阶"命令用于调整图像的对比度、饱和度及灰度。打开一幅图像,如图 4-141 所示,选择"色阶"命令或按 Ctrl+L 组合键,弹出"色阶"对话框,如图 4-142 所示。

图 4-141

图 4-142

在对话框中，中央是一个直方图，其横坐标为 0～255，表示亮度值，纵坐标为图像像素数。

下面为调整输入色阶的 3 个滑块后，图像产生的不同色彩效果，如图 4-143、图 4-144 和图 4-145 所示。

图 4-143

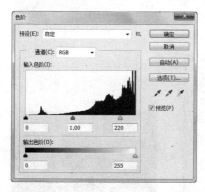

图 4-144

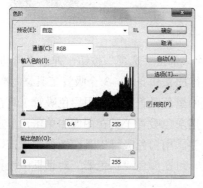

图 4-145

"通道"选项：可以从其下拉列表中选择不同的通道来调整图像，如果想选择两个以上的色彩通道，要先在"通道"控制面板中选择所需要的通道，再打开"色阶"对话框。

"输入色阶"选项：控制图像选定区域的最暗和最亮色彩，通过输入数值或拖曳三角滑块来调整图像。左侧的数值框和左侧的黑色三角滑块用于调整黑色，图像中低于该亮度值的所有像素将变为黑色；中间的数值框和中间的灰色滑块用于调整灰度，其数值范围为 0.1～9.99，1.00 为中性灰度，数值大于 1.00 时，将降低图像中间灰度，小于 1.00 时，将提高图像中间灰度；右侧的数值框和右侧的白色三角滑块用于调整白色，图像中高于该亮度值的所有像素将变为白色。

边做边学——Photoshop CS6 图像制作案例教程

中等职业教育数字艺术类规划教材

"输出色阶"选项：可以通过输入数值或拖曳三角滑块来控制图像的亮度范围（左侧数值框和左侧黑色三角滑块用于调整图像最暗像素的亮度，右侧数值框和右侧白色三角滑块用于调整图像最亮像素的亮度），输出色阶的调整将增加图像的灰度，降低图像的对比度。

"预览"选项：选中该复选框，可以即时显示图像的调整结果。

下面为调整输出色阶两个滑块后，图像产生的不同色彩效果，如图 4-146 和图 4-147 所示。

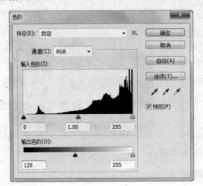

图 4-146

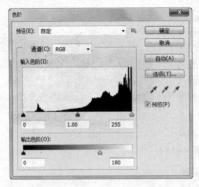

图 4-147

"自动"按钮：可自动调整图像并设置层次。单击"选项"按钮，弹出"自动颜色校正选项"对话框，可以看到系统将以 0.10%来对图像进行加亮和变暗。3 个吸管工具分别是黑色吸管工具、灰色吸管工具和白色吸管工具。选中黑色吸管工具，用黑色吸管工具在图像中单击，图像中暗于单击点的所有像素都会变为黑色。用灰色吸管工具在图像中单击，单击点的像素都会变为灰色，图像中的其他颜色也会随之相应调整。用白色吸管工具在图像中单击，图像中亮于单击点的所有像素都会变为白色。双击吸管工具，可在颜色"拾色器"对话框中设置吸管颜色。

3. 曲线

"曲线"命令，可以通过调整图像色彩曲线上的任意一个像素点来改变图像的色彩范围。下面将进行具体的讲解。

打开一幅图像，选择"曲线"命令或按 Ctrl+M 组合键，弹出"曲线"对话框，如图 4-148 所示。将鼠标指针移到图像中，单击鼠标左键，如图 4-149 所示，"曲线"对话框的图表中会出现一个小方块，它表示刚才在图像中单击处的像素数值，如图 4-150 所示。

114

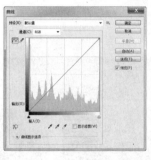
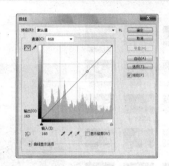

图 4-148   图 4-149   图 4-150

在对话框中，"通道"选项可以用来选择调整图像的颜色通道。

下面为调整曲线后的图像效果，如图 4-151、图 4-152、图 4-153 和图 4-154 所示。

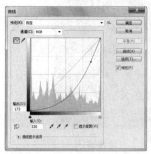

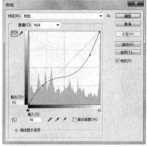

图 4-151   图 4-152

图 4-153   图 4-154

图表中的 x 轴为色彩的输入值，y 轴为色彩的输出值。曲线代表了输入和输出色阶的关系。

绘制曲线工具 ，在默认状态下使用的是 工具，使用它在图表曲线上单击，可以增加控制点，按住鼠标左键拖曳控制点可以改变曲线的形状，拖曳控制点到图表外将删除控制点。使用 工具可以在图表中绘制出任意曲线，单击右侧的"平滑"按钮可使曲线变得平滑。按住 Shift 键，使用 工具可以绘制出直线。

输入和输出数值显示的是图表中光标所在位置的亮度值。

"自动"按钮可自动调整图像的亮度。

4. 艺术效果滤镜

艺术效果滤镜在 RGB 颜色模式和多通道颜色模式下才可用，艺术效果滤镜菜单如图 4-155 所示。原图像及应用艺术效果滤镜组制作的图像效果如图 4-156 所示。

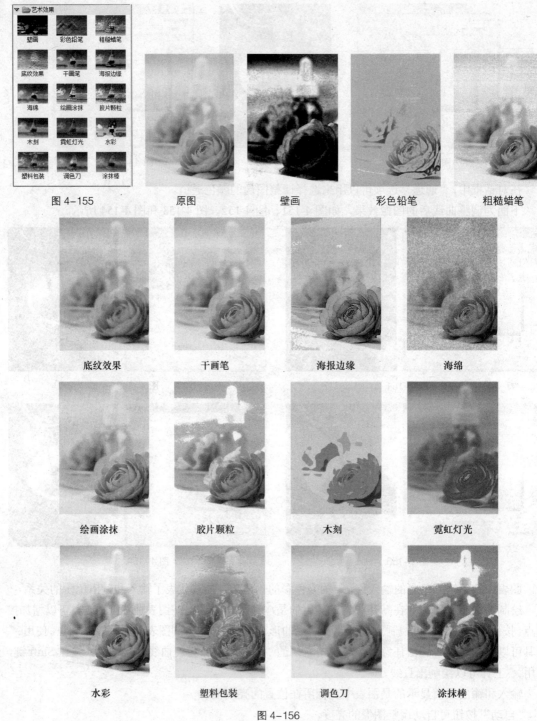

图 4-155

| 原图 | 壁画 | 彩色铅笔 | 粗糙蜡笔 |

| 底纹效果 | 干画笔 | 海报边缘 | 海绵 |

| 绘画涂抹 | 胶片颗粒 | 木刻 | 霓虹灯光 |

| 水彩 | 塑料包装 | 调色刀 | 涂抹棒 |

图 4-156

5. 像素化滤镜

像素化滤镜用于将图像分块或平面化。像素化滤镜的菜单如图 4-157 所示。应用像素化滤镜组中的滤镜制作的图像效果如图 4-158 所示。

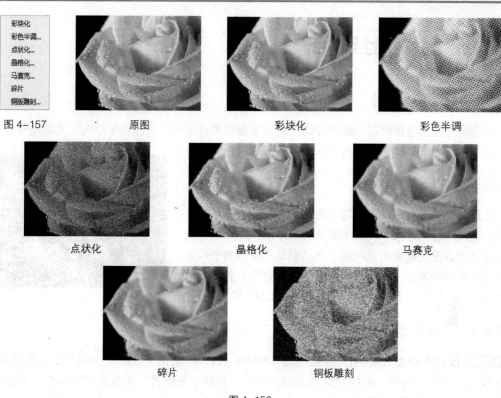

图 4-157　　　　　　原图　　　　　　　　　彩块化　　　　　　　　　彩色半调

点状化　　　　　　　　　晶格化　　　　　　　　　马赛克

碎片　　　　　　　　　铜板雕刻

图 4-158

6. 去色

选择"图像 > 调整 > 去色"命令，或按 Shift+Ctrl+U 组合键，可以去掉图像中的色彩，使图像变为灰度图，但图像的色彩模式并不改变。"去色"命令可以对图像中的选区使用，将选区中的图像进行去掉图像色彩的处理。

4.3.5　【实战演练】制作宝宝成长照片模板

使用艺术效果滤镜命令制作背景的海报效果，使用黑白、色阶和曲线调整层调整图片颜色，使用文字工具添加文字。最终效果参看光盘中的"Ch04 > 效果 > 制作宝宝成长照片模板"，如图 4-159 所示。

图 4-159

中等职业教育数字艺术类规划教材

4.4 制作个性照片

4.4.1 【案例分析】

个性写真是目前最时尚、最流行的一种艺术摄影项目之一。它深受年轻人，尤其是年轻女孩子们的喜爱。本案例要求制作出极具个性的写真照片。

4.4.2 【设计理念】

在设计制作过程中，彩色的主色调画面，给人一种时尚现代、潮流个性的印象，展示出低调的奢华感。简单的人物形象使整个画面主题突出且一目了然，彰显出独特的个性。文字设计充满艺术感，与主题相呼应。最终效果参看光盘中的"Ch04 > 效果 > 制作个性照片"，如图 4-160 所示。

图 4-160

4.4.3 【操作步骤】

步骤 1 按 Ctrl+O 组合键，打开光盘中的"Ch04 > 素材 > 制作个性照片 > 01"文件，如图 4-161 所示。选择"钢笔"工具，将属性栏中的"选择工具模式"选项设为"路径"，在图像窗口中沿人物边缘绘制路径，如图 4-162 所示。

图 4-161

图 4-162

步骤 2 按 Ctrl+Enter 组合键，将路径转换为选区，如图 4-163 所示。按 Ctrl+J 组合键，复制选区中的图像，在"图层"面板中自动生成新的图层并将其命名为"人物线条"，如图 4-164 所示。

图 4-163

图 4-164

步骤 3 选择"滤镜 > 滤镜库"命令，在弹出的对话框中进行设置，如图 4-165 所示，单击"确定"按钮，效果如图 4-166 所示。

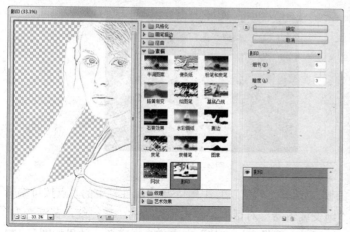

图 4-165　　　　　　　　　　　　　图 4-166

步骤 4 单击"图层"控制面板下方的"添加图层蒙版"按钮 ▢，为图层添加蒙版。选择"画笔"工具 🖌，单击属性栏中"画笔"选项右侧的 ▾ 按钮，在弹出的面板中选择需要的画笔样式，将"大小"选项设为 200 像素，如图 4-167 所示。在图像窗口中擦除不需要的图像，如图 4-168 所示。

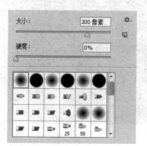

图 4-167　　　　　　　　　　　　　图 4-168

步骤 5 在"图层"控制面板上方将该图层的混合模式选项设为"线性加深"，如图 4-169 所示，图像效果如图 4-170 所示。

图 4-169　　　　　　　　　　　　　图 4-170

步骤 6 单击"图层"控制面板下方的"创建新的填充或调整图层"按钮 ◑，在弹出的菜单中选择"色彩平衡"命令，生成"色彩平衡 1"图层，同时弹出面板，设置如图 4-171 所示。图像效果如图 4-172 所示。

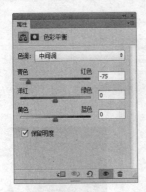

图 4-171   图 4-172

步骤 7 新建图层并将其命名为"色板"。选择"渐变"工具，单击属性栏中的"点按可编辑渐变"按钮，弹出"渐变编辑器"对话框，单击预设中的"蓝，红，黄渐变"，如图 4-173 所示，单击"确定"按钮。在图像窗口中从左向右拖曳渐变色，效果如图 4-174 所示。

图 4-173   图 4-174

步骤 8 在"图层"控制面板上方将该图层的混合模式选项设为"柔光"，如图 4-175 所示，图像效果如图 4-176 所示。单击"图层"控制面板下方的"添加图层蒙版"按钮，为图层添加蒙版。选择"画笔"工具，在人物脸部、头发和肩部拖曳鼠标，效果如图 4-177 所示。

图 4-175   图 4-176   图 4-177

步骤 9 选择"横排文字"工具，在适当的位置分别输入需要的文字，选取文字，在属性栏中选择合适的字体和文字大小，效果如图 4-178 所示，在"图层"控制面板中分别生成新的文字图层。

步骤 10 按 Ctrl+T 组合键，在文字周围生成变换框，按住 Ctrl 键，分别拖曳右侧的控制手柄到适当的位置，按 Enter 键确认操作，效果如图 4-179 所示。用相同的方法调整下方的文字，如图 4-180 所示。

图 4-178

图 4-179

图 4-180

步骤 11 在上方的文字图层上单击鼠标右键，在弹出的快捷菜单中选择"栅格化图层"命令，栅格化图层。按住 Ctrl 键的同时，单击图层缩览图，在文字周围生成选区，如图 4-181 所示。

步骤 12 选择"渐变"工具 ，单击属性栏中的"点按可编辑渐变"按钮 ，弹出"渐变编辑器"对话框，将渐变色设为从黑色到白色，单击"确定"按钮。在选区中从上到下拖曳渐变色，取消选区，效果如图 4-182 所示。用相同的方法填充下方的文字，如图 4-183 所示。个性照片制作完成。

图 4-181

图 4-182

图 4-183

4.4.4 【相关工具】

1. 通道面板

通道控制面板可以管理所有的通道并对通道进行编辑。选择一张图像，选择"窗口 > 通道"命令，弹出"通道"控制面板，如图 4-184 所示。

在"通道"控制面板中，放置区用于存放当前的图像中存在的所有通道。在通道放置区中，如果选中的只是其中一个通道，则只有此通道处于选中状态，此时该通道上会出现一个蓝色条，如果想选中多个通道，可以按住 Shift 键，再单击其他通道。通道左边的"眼睛"图标 用于显示或隐藏颜色通道。

单击"通道"控制面板右上方的 图标，弹出其下拉命令菜单，如图 4-185 所示。

在"通道"控制面板的底部有 4 个工具按钮，如图 4-186 所示。从左到右依次为"将通道作为选区载入"按钮 、"将选区存储为通道"按钮 、"创建新通道"按钮 和"删除当前通道"按钮 。

"将通道作为选区载入"按钮 用于将通道中的选择区域调出；"将选区存储为通道"按钮

用于将选择区域存入通道中，并可在后面调出来制作一些特殊效果；"创建新通道"按钮 用于创建或复制一个新的通道，此时建立的通道即为 Alpha 通道，单击该工具按钮，即可创建一个新的 Alpha 通道；"删除当前通道"按钮 用于删除一个图像中的通道，将通道直接拖曳到"删除当前通道"按钮 上，即可删除通道。

图 4-184

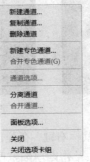
图 4-185

图 4-186

2. 色彩平衡

"色彩平衡"命令用于调节图像的色彩平衡度。选择"色彩平衡"命令，或按 Ctrl+B 组合键，弹出"色彩平衡"对话框，如图 4-187 所示。

在对话框中，"色调平衡"选项组用于选取图像的阴影、中间调、高光选项。"色彩平衡"选项组用于在上述选区中添加过渡色来平衡色彩效果，拖曳三角滑块可以调整整个图像的色彩，也可以在"色阶"选项的数值框中输入数值调整整个图像的色彩。"保持明度"选项用于保持原图像的亮度。

下面为调整色彩平衡后的图像效果，如图 4-188 和图 4-189 所示。

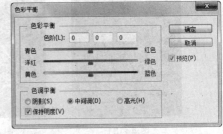
图 4-187

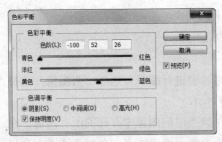

图 4-188

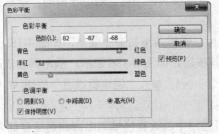

图 4-189

3. 反相

选择"反相"命令或按 Ctrl+I 组合键，可以将图像或选区的像素反转为其补色，使其出现底片效果。原图及不同色彩模式的图像反相后的效果，如图 4-190 所示。

原始图像效果

RGB 色彩模式反相后的效果

CMYK 色彩模式反相后的效果

图 4-190

4. 图层的剪贴蒙版

图层剪贴蒙版，是将相邻的图层编辑成剪贴蒙版。在图层剪贴蒙版中，最底下的图层是基层，基层图像的透明区域将遮住上方各层的该区域。制作剪贴蒙版，图层之间的实线变为虚线，基层图层名称下有一条下画线。

打开一幅图片，如图 4-191 所示，"图层"控制面板显示如图 4-192 所示。按住 Alt 键的同时，将鼠标光标放在"热气球"图层和"图形"图层的中间，鼠标光标变为 ↓□ 图标，如图 4-193 所示。单击鼠标，创建剪贴蒙版，效果如图 4-194 所示。

如果要取消剪贴蒙版，可以选中剪贴蒙版组中上方的图层，选择"图层 > 释放剪贴蒙版"命令，或按 Alt+Ctrl+G 组合键即可删除。

图 4-191

图 4-192

图 4-193

图 4-194

4.4.5　【实战演练】制作个人写真照片模板

使用图层蒙版和渐变工具制作背景人物的融合，使用羽化命令和矩形工具制作图形的渐隐效果，使用钢笔工具、描边命令和图层样式命令制作线条，使用矩形工具和剪贴蒙版制作照片，使用横排文字工具添加文字。最终效果参看光盘中的"Ch04 > 效果 > 制作个人写真照片模板"，如图 4-195 所示。

图 4-195

中
等
职
业
教
育
数
字
艺
术
类
规
划
教
材

4.5 综合演练——制作综合个人秀模板

4.5.1 【案例分析】

个人秀是目前大受年轻人追捧和喜爱的一种展现自我个性的艺术形式，希望通过摄影展现自身的魅力。本案例要求制作出具有特色的个人秀写真照片。

4.5.2 【设计理念】

在设计制作过程中，画面背景使用浅色晕染的形式进行设计，营造出温馨宁静的氛围，起到衬托的作用。具有韵律感的线条与正在跳舞的人物照片相结合，使画面动感十足，展现出青春活力、时尚现代感。文字设计彰显出个性宣言，与下方的照片一起起到点睛的作用。

4.5.3 【知识要点】

使用去色、图层混合模式和不透明度制作背景剪影，使用矩形工具和图层样式制作喷溅外框，使用圆角矩形工具和剪贴蒙版制作照片效果，使用替换颜色命令和图层蒙版制作人物效果。最终效果参看光盘中的"Ch04 > 效果 > 制作综合个人秀模板"，如图 4-196 所示。

图 4-196

4.6 综合演练——制作童话故事照片模板

4.6.1 【案例分析】

童话故事照片模板是以童话故事的形式将照片进行艺术化处理，要求照片模板能体现出活泼天真的感觉，展现出童话般的效果和不一样的照片主题。

4.6.2 【设计理念】

在设计制作过程中，使用浅色的插画图形作为模板的背景，营造出温馨舒适的氛围。宝宝照片作为画面的主体，体现出孩子天真可爱的一面，同时增加人们的亲切感。字母与心形的设计活泼生动，与主题相呼应，展现出模板的设计主题。

4.6.3 【知识要点】

使用图层蒙版和画笔工具制作图片的融合效果，使用色彩平衡和自然饱和度调整颜色，使用自定形状工具和图层样式添加装饰心形，使用形状工具、横排文字工具和变形文字工具添加宣传文字。最终效果参看光盘中的"Ch04 > 效果 > 制作童话故事照片模板"，如图 4-197 所示。

图 4-197

第5章 宣传单设计

宣传单对宣传活动和促销商品有着重要作用。宣传单通过派送、邮递等形式，可以有效地将信息传达给目标受众。本章以制作各种不同类型的宣传单为例，介绍宣传单的设计方法和制作技巧。

 课堂学习目标

- 掌握宣传单的设计思路和手段
- 掌握宣传单的制作方法和技巧

5.1 制作儿童英语宣传单

5.1.1 【案例分析】

本案例是为某少儿英语培训机构设计制作的宣传单，主要介绍培训的内容和培训特色，在设计上要求能传达出快乐英语、因材施教的经营理念。

5.1.2 【设计理念】

在设计制作过程中，先从背景入手，通过橙色渐变的应用，营造出欢快活泼的氛围，揭示出轻松学习、快乐英语的宣传主题。通过主体版面和宣传性文字的精心设计，形成较强的视觉冲击力，介绍培训机构的优势和特点。通过人物和字母图片的展示展现出机构超强的专业性，让人印象深刻。最终效果参看光盘中的"Ch05 > 效果 > 制作儿童英语宣传单"，如图 5-1 所示。

图 5-1

5.1.3 【操作步骤】

步骤 1 按 Ctrl+O 组合键，打开光盘中的"Ch5 > 素材 > 制作儿童英语宣传单 > 01"文件，如图 5-2 所示。将前景色设为黑色。选择"横排文字"工具 T，在适当的位置输入需要的文字并选取文字，在属性栏中选择合适的字体并设置文字大小，效果如图 5-3 所示，在"图层"控制面板中生成新的文字图层。

步骤 2 选中文字"量身定制"，填充文字为绿色（其 R、G、B 值分别为 58、179、68），在属性栏中选择合适的字体并设置文字大小，效果如图 5-4 所示。

图 5-2

图 5-3

图 5-4

步骤 3 单击"图层"控制面板下方的"添加图层样式"按钮 *fx.*，在弹出的菜单中选择"投影"命令，弹出对话框，选项的设置如图 5-5 所示。选择"描边"选项，切换到相应对话框，将描边颜色设为白色，其他选项的设置如图 5-6 所示。单击"确定"按钮，效果如图 5-7 所示。

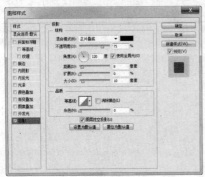
图 5-5

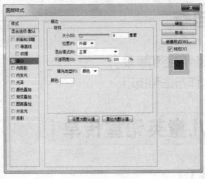
图 5-6

图 5-7

步骤 4 将前景色设为粉色（其 R、G、B 值分别为 255、93、169）。选择"横排文字"工具 T.，在适当的位置输入需要的文字并选取文字，在属性栏中选择合适的字体并设置文字大小，按 Alt+向右方向键，适当调整文字间距，效果如图 5-8 所示，在"图层"控制面板中生成新的文字图层。

步骤 5 将前景色设为灰色（其 R、G、B 值分别为 158、158、158）。选择"横排文字"工具 T.，在适当的位置输入需要的文字并选取文字，在属性栏中选择合适的字体并设置文字大小，效果如图 5-9 所示，在"图层"控制面板中生成新的文字图层。

图 5-8

图 5-9

步骤 6 单击"图层"控制面板下方的"添加图层样式"按钮 *fx.*，在弹出的菜单中选择"描边"命令，弹出对话框，将描边颜色设为白色，其他选项的设置如图 5-10 所示。单击"确定"按钮，效果如图 5-11 所示。

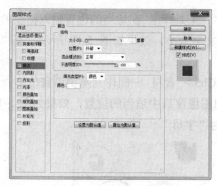

图 5-10

地址：文明区知识路108号
热线电话：0110-78984567
EMAIL:XINYINGYU@163.com

图 5-11

步骤 7 按 Ctrl＋O 组合键，打开光盘中的"Ch5＞素材 ＞ 制作儿童英语宣传单 ＞02"文件。选择"移动"工具 ，将 02 图片拖曳到图像窗口中适当的位置，效果如图 5-12 所示，在"图层"面板中生成新的图层并将其命名为"人物"。

步骤 8 新建图层并将其命名为"形状"。将前景色变为白色。选择"自定形状"工具 ，单击属性栏中"形状"选项右侧的 按钮，弹出"形状"面板，单击右上方的 按钮，在弹出的菜单中选择"台词框"命令，弹出提示框，单击"追加"按钮。在形状面板中选中图形"思索 1"，如图 5-13 所示。将属性栏中的"选择工具模式"设为"像素"，按住 Shift 键的同时，在图像窗口中拖曳鼠标绘制图形，效果如图 5-14 所示。

图 5-12

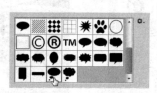

图 5-13

图 5-14

步骤 9 单击"图层"控制面板下方的"添加图层样式"按钮 ，在弹出的菜单中选择"投影"命令，弹出对话框，选项的设置如图 5-15 所示。选择"描边"选项，切换到相应的对话框，将描边颜色设为蓝色（其 R、G、B 的值分别为 98、198、234），其他选项的设置如图 5-16 所示。单击"确定"按钮，效果如图 5-17 所示。

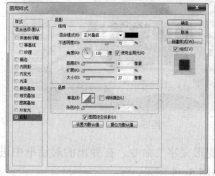

图 5-15

图 5-16

图 5-17

步骤 10 将前景色设为黑色。选择"横排文字"工具 T，在适当的位置输入需要的文字并选取文字，在属性栏中选择合适的字体并设置文字大小，效果如图 5-18 所示，在"图层"控制面板中生成新的文字图层。

步骤 11 按 Ctrl+O 组合键，打开光盘中的"Ch5 > 素材 > 制作儿童英语宣传单 > 03"文件。选择"移动"工具 ，将 03 图片拖曳到图像窗口中适当的位置，效果如图 5-19 所示，在"图层"面板中生成新的图层并将其命名为"字母"。

图 5-18 图 5-19

步骤 12 按 Ctrl+O 组合键，打开光盘中的"Ch5 > 素材 > 制作儿童英语宣传单 > 04"文件。选择"移动"工具 ，将 04 图片拖曳到图像窗口中适当的位置，效果如图 5-20 所示，在"图层"面板中生成新的图层并将其命名为"图形"。

步骤 13 选择"横排文字"工具 T，在适当的位置分别输入需要的文字并选取文字，在属性栏中分别选择合适的字体、文字大小和颜色，效果如图 5-21 所示，在"图层"控制面板中分别生成新的文字图层。

图 5-20 图 5-21

步骤 14 选择"精品课程"文字图层。按 Ctrl+T 组合键，在文字周围出现变换框，在变换框外拖曳控制手柄旋转文字，按 Enter 键确认操作，效果如图 5-22 所示。用相同的方法旋转下方的文字，效果如图 5-23 所示。

图 5-22 图 5-23

步骤 15 选择"简单学英语"文字图层。选择"文字 > 变形文字"命令，在弹出的对话框中进行设置，如图 5-24 所示。单击"确定"按钮，效果如图 5-25 所示。

图 5-24

图 5-25

步骤 16 单击"图层"控制面板下方的"添加图层样式"按钮 _fx_,在弹出的菜单中选择"斜面和浮雕"命令,弹出对话框,选项的设置如图 5-26 所示。选择"描边"选项,切换到相应的对话框,将描边颜色设为浅黄色(其 R、G、B 的值分别为 252、251、191),其他选项的设置如图 5-27 所示。选择"投影"选项,切换到相应的对话框,选项的设置如图 5-28 所示。单击"确定"按钮,效果如图 5-29 所示。在图层控制面板上方,将该图层的"填充"选项设为 83%,图像效果如图 5-30 所示。

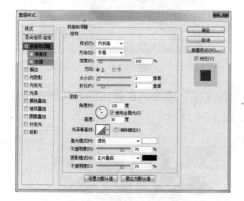

图 5-26

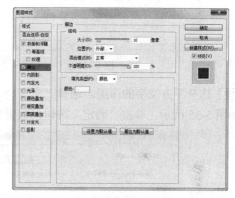

图 5-27

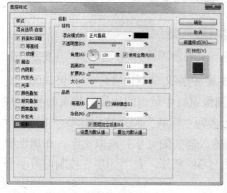

图 5-28

图 5-29

图 5-30

步骤 17 选择"精品课程"文字图层。选择"文字 > 变形文字"命令,在弹出的对话框中进行设置,如图 5-31 所示。单击"确定"按钮,效果如图 5-32 所示。

步骤 18 单击"图层"控制面板下方的"添加图层样式"按钮 _fx_,在弹出的菜单中选择"投影"命令,弹出对话框,选项的设置如图 5-33 所示。单击"确定"按钮,效果如图 5-34 所示。

中等职业教育数字艺术类规划教材

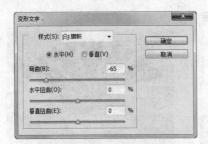

图 5-31

图 5-32

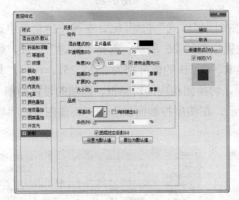

图 5-33

图 5-34

步骤 19 选择下方文字的图层。选择"文字 > 变形文字"命令，在弹出的对话框中进行设置，如图 5-35 所示。单击"确定"按钮，效果如图 5-36 所示。

图 5-35

图 5-36

步骤 20 按 Ctrl+O 组合键，打开光盘中的"Ch5 > 素材 > 制作儿童英语宣传单 > 05、06"文件。选择"移动"工具，将 05、06 图片拖曳到图像窗口中适当的位置，效果如图 5-37 所示，在"图层"面板中分别生成新的图层并将其命名为"标牌"和"特价标"。

步骤 21 选择"横排文字"工具，在适当的位置分别输入需要的文字并选取文字，在属性栏中分别选择合适的字体、文字大小和颜色，效果如图 5-38 所示，在"图层"控制面板中分别生成新的文字图层。

图 5-37

图 5-38

步骤 22 选取文字"新英语"。按 Ctrl+T 组合键,在弹出的"字符"面板中单击"仿斜体"按钮 *T* 将文字倾斜,效果如图 5-39 所示。

步骤 23 单击"图层"控制面板下方的"添加图层样式"按钮 *fx.*,在弹出的菜单中选择"描边"命令,弹出对话框,将描边颜色设为白色,其他选项的设置如图 5-40 所示。选择"投影"选项,切换到相应的对话框,选项的设置如图 5-41 所示。单击"确定"按钮,效果如图 5-42 所示。

图 5-39

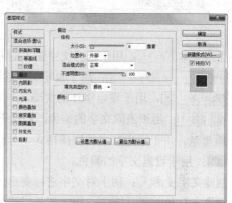

图 5-40

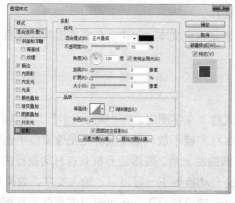

图 5-41

图 5-42

步骤 24 选择"横排文字"工具 *T*,在适当的位置输入需要的白色文字并选取文字,在属性栏中分别选择合适的字体和文字大小,按 Alt+向右方向键,适当调整文字间距,效果如图 5-43 所示,在"图层"控制面板中生成新的文字图层。儿童英语宣传单制作完成,效果如图 5-44 所示。

图 5-43

图 5-44

5.1.4 【相关工具】

1. 输入水平、垂直文字

选择"横排文字"工具 T ，或按 T 键，其属性栏如图 5-45 所示。

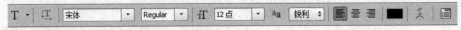

图 5-45

更改文本方向 ↕T ：用于选择文字输入的方向。

宋体 ▾ Regular ▾ ：用于设定文字的字体及属性。

rT 12点 ▾ ：用于设定字体的大小。

aa 锐利 ≑ ：用于消除文字的锯齿，包括无、锐利、犀利、浑厚和平滑 5 个选项。

▤ ▤ ▤ ：用于设定文字的段落格式，分别是左对齐、居中对齐和右对齐。

███ ：用于设置文字的颜色。

创建文字变形 ∫ ：用于对文字进行变形操作。

切换字符和段落面板 ▦ ：用于打开"段落"和"字符"控制面板。

取消所有当前编辑 ⊘ ：用于取消对文字的操作。

提交所有当前编辑 ✓ ：用于确定对文字的操作。

选择"直排文字"工具 ↓T ，可以在图像中建立垂直文本，创建垂直文本工具属性栏和创建文本工具属性栏的功能基本相同。

2. 输入段落文字

建立段落文字图层就是以段落文字框的方式建立文字图层。将"横排文字"工具 T 移动到图像窗口中，鼠标光标变为 I 图标。单击并按住鼠标左键不放，拖曳鼠标在图像窗口中创建一个段落定界框，如图 5-46 所示，插入点显示在定界框的左上角。段落定界框具有自动换行的功能，如果输入的文字较多，则当文字遇到定界框时，会自动换到下一行显示，输入文字，效果如图 5-47 所示。如果输入的文字需要分段落，可以按 Enter 键进行操作，还可以对定界框进行旋转、拉伸等操作。

图 5-46

图 5-47

3. 字符面板

Photoshop CS6 在处理文字方面较之以前的版本有飞跃性的突破。其中，"字符"控制面板可以用来编辑文本字符。

选择"窗口 > 字符"命令，弹出"字符"控制面板，如图 5-48 所示。

"设置字体系列"选项 Adobe 仿宋... ▼：选中字符或文字图层，单击选项右侧的 ▼ 按钮，在弹出的下拉菜单中选择需要的字体。

"设置字体大小"选项 12点 ▼：选中字符或文字图层，在选项的数值框中输入数值，或单击选项右侧的 ▼ 按钮，在弹出的下拉菜单中选择需要的字体大小数值。

"垂直缩放"选项 Ｔ 100% ：选中字符或文字图层，在选项的数值框中输入数值，可以调整字符的长度，效果如图 5-49 所示。

垂直缩放　垂直缩放　垂直缩放

数值为 100%时的效果　　数值为 150%时的效果　　数值为 200%时的效果

图 5-48　　　　　　　　　　　图 5-49

"设置所选字符的比例间距"选项 0% ▼：选中字符或文字图层，在选项的数值框中选择百分比数值，可以对所选字符的比例间距进行细微的调整，效果如图 5-50 所示。

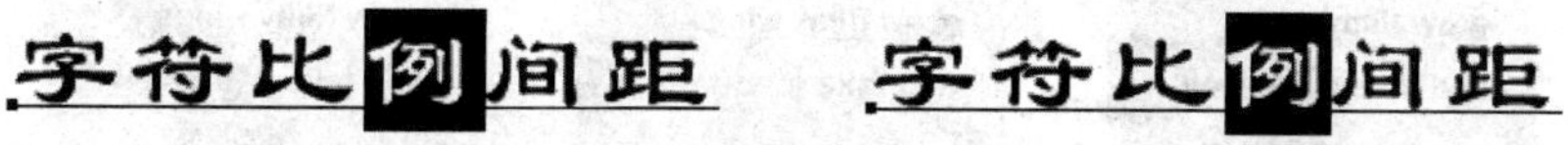

字符比例间距　　字符比例间距

数值为 0%时的效果　　　　　数值为 100%时的效果

图 5-50

"设置所选字符的字距调整"选项 VA 100 ▼：选中需要调整字距的文字段落或文字图层，在选项的数值框中输入数值，或单击选项右侧的 ▼ 按钮，在弹出的下拉菜单中选择需要的字距数值，可以调整文本段落的字距。输入正值时，字距加大；输入负值时，字距缩小。效果如图 5-51 所示。

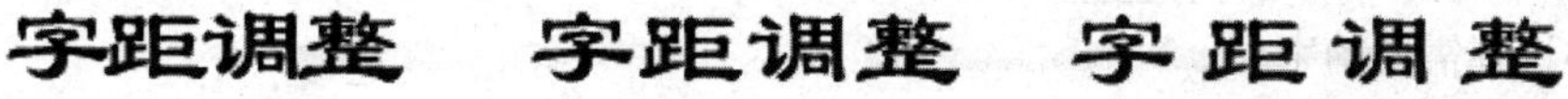

字距调整　　字距调整　　字 距 调 整

数值为-100 时的效果　　　数值为 0 时的效果　　　数值为 200 时的效果

图 5-51

"设置基线偏移"选项 Aᵃ 0点 ：选中字符，在选项的数值框中输入数值，可以调整字符上下移动。输入正值时，横排的字符上移，直排的字符右移；输入负值时，横排的字符下移，直排的字符左移。效果如图 5-52 所示。

2014_2　　　　2014^2　　　　2014
　　　　　　　　　　　　　　　　　　　　　　　$_2$

选中字符　　　数值为 20 时的效果　　　数值为-20 时的效果

图 5-52

"设定字符的形式"按钮 T T TT Tr T' T, T F：从左到右依次为"仿粗体"按钮 T、"仿斜体"按钮 T 、"全部大写字母"按钮 TT 、"小型大写字母"按钮 Tr 、"上标"按钮 T^1 、"下标"按钮 T_1 、"下画线"按钮 $\underline{T}$ 和"删除线"按钮 $\overline{T}$ 。选中字符或文字图层，单击需要的形式按钮，其效果如图 5-53 所示。

文字正常效果　　　　　　文字仿粗体效果　　　　　　文字仿斜体效果

文字全部大写效果　　　文字小型大写字母效果　　　　文字上标效果

文字下标效果　　　　　　文字下画线效果　　　　　　文字删除线效果

图 5-53

"语言设置"选项 美国英语 ：单击选项右侧的 ÷ 按钮，在弹出的下拉菜单中选择需要的语言字典。选择字典主要用于拼写检查和连字的设定。

"设置字体样式"选项 Regular ▾ ：选中字符或文字图层，单击选项右侧的 ▾ 按钮，在弹出的下拉菜单中选择需要的字型。

"设置行距"选项 ㄒA (自动) ▾ ：选中需要调整行距的文字段落或文字图层，在选项的数值框中输入数值，或单击选项右侧的 ▾ 按钮，在弹出的下拉菜单中选择需要的行距数值，可以调整文本段落的行距，效果如图 5-54 所示。

数值为 30 时的效果　　　数值为 36 时的效果　　　数值为 60 时的效果

图 5-54

"水平缩放"选项 ⊥ 100%：选中字符或文字图层，在选项的数值框中输入数值，可以调整字符的宽度，效果如图 5-55 所示。

数值为 100%时的效果　　数值为 130%时的效果　　数值为 150%时的效果

图 5-55

"设置两个字符间的字距微调"选项 VA 0 ▾：使用文字工具在两个字符间单击，插入光标，在选项的数值框中输入数值，或单击选项右侧的 ▾ 按钮，在弹出的下拉菜单中选择需要的字距数值。输入正值时，字符的间距会加大；输入负值时，字符的间距会缩小。效果如图 5-56 所示。

数值为 0 时的效果　　数值为 200 时的效果　　数值为-200 时的效果

图 5-56

"设置文本颜色"选项 颜色：■：选中字符或文字图层，在颜色框中单击，弹出"拾色器"对话框，在对话框中设定需要的颜色，单击"确定"按钮，可以改变文字的颜色。

"设置消除锯齿的方法"选项 ªa 锐利 ⬦：可以选择无、锐利、犀利、浑厚和平滑 5 种消除锯齿的方式，效果如图 5-57 所示。

无　　　锐利　　　犀利　　　浑厚　　　平滑

图 5-57

4. 段落面板

"段落"控制面板可以用来编辑文本段落。下面具体介绍段落控制面板的内容。

选择"窗口 > 段落"命令，弹出"段落"控制面板，如图 5-58 所示。

在控制面板中，▤ ▤ ▤选项用来调整文本段落中每行对齐的方式：左对齐文本、居中对齐文本和右对齐文本；▤ ▤ ▤选项用来调整段落的对齐方式：最后一行左对齐、最后一行居中对齐和最后一行右对齐；▤选项用来设置整个段落中的行两端对齐：全部对齐。

另外，通过输入数值还可以调整段落文字的左缩进 ⇥☰、右缩进 ☰⇤、首行缩进 ⁺☰、段前添加空格 ⁺☱ 和段后添加空格 ⇥☰。

"左缩进"选项 ⇥☰：在选项中输入数值可以设置段落左端的缩进量。

"右缩进"选项 ☰⇤：在选项中输入数值可以设置段落右端的缩进量。

"首行缩进"选项 ⁺☰：在选项中输入数值可以设置段落第一行的左端缩进量。

"段前添加空格"选项 ⁺☱：在选项中输入数值可以设置当前段落与前一段落的距离。

"段后添加空格"选项 ⇥☰：在选项中输入数值可以设置当前段落与后一段落的距离。

图 5-58

"避头尾法则设置"和"间距组合设置"选项可以设置段落的样式；"连字"选项为连字符选框，用来确定文字是否与连字符连接。

此外，单击"段落"控制面板右上方的图标 ☰，还可以弹出"段落"控制面板的下拉命令菜单，如图 5-59 所示。

"罗马式溢出标点"命令：为罗马悬挂标点。

"顶到顶行距"命令：用于设置段落行距为两行文字顶部之间的距离。

"底到底行距"命令：用于设置段落行距为两行文字底部之间的距离。

"对齐"命令：用于调整段落中文字的对齐。

"连字符连接"命令：用于设置连字符。

"Adobe 单行书写器"命令：为单行编辑器。

"Adobe 多行书写器"命令：为多行编辑器。

"复位段落"命令：用于恢复"段落"控制面板的默认值。

图 5-59

5. 文字变形

根据需要可以将输入完成的文字进行各种变形。打开一幅图像，按 T 键，选择"横排文字"工具 T，在文字工具属性栏中设置文字的属性，如图 5-60 所示。

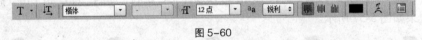

图 5-60

将"横排文字"工具 T 移动到图像窗口中，鼠标指针将变成 I 图标。在图像窗口中单击，此时出现一个文字的插入点，输入需要的文字，文字将显示在图像窗口中，效果如图 5-61 所示。单击文字工具属性栏中的"创建文字变形"按钮 ⊥，弹出"变形文字"对话框，如图 5-62 所示，其中"样式"选项中有 15 种文字的变形效果，如图 5-63 所示。

图 5-61

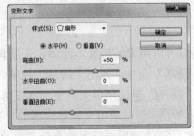

图 5-62

图 5-63

文字的多种变形效果，如图 5-64 所示。

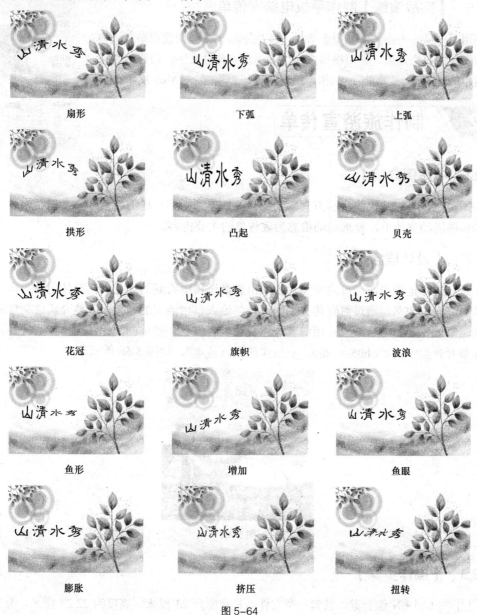

图 5-64

6. 合并图层

"向下合并"命令用于向下合并图层。单击"图层"控制面板右上方的▄图标，在弹出式菜单中选择"向下合并"命令，或按 Ctrl+E 组合键即可向下合并图层。

"合并可见图层"命令用于合并所有可见层。单击"图层"控制面板右上方的▄图标，在弹出式菜单中选择"合并可见图层"命令，或按 Shift+Ctrl+E 组合键即可合并所有可见层。

"拼合图像"命令用于合并所有的图层。单击"图层"控制面板右上方的▄图标，在弹出式菜单中选择"拼合图像"命令。

5.1.5 【实战演练】制作平板电脑宣传单

使用投影命令为图片添加投影效果，使用矩形工具和创建剪贴蒙版命令制作图片的剪切效果，使用横排文字工具添加宣传性文字。最终效果参看光盘中的"Ch05 > 效果 > 制作平板电脑宣传单"，如图 5-65 所示。

图 5-65

5.2 制作旅游宣传单

5.2.1 【案例分析】

旅游是一种轻松愉快的生活方式，到更多的地方感受不一样的风景。本案例是为某旅游团制作的旅游活动宣传单，要求活动信息为宣传单的主要内容。

5.2.2 【设计理念】

在设计制作过程中，通过背景图片展示出旅游过程中看到的风景，同时使用近大远小的关系使画面具有空间感。通过对宣传文字的设计，给人自由活泼的印象。其他介绍性文字醒目直观，使信息地传达明确清晰，让消费者能够快速吸收信息。整体画面简洁突出，宣传性强。最终效果参看光盘中的"Ch05 > 效果 > 制作旅游宣传单"，如图 5-66 所示。

图 5-66

5.2.3 【操作步骤】

步骤 1 按 Ctrl＋N 组合键，新建一个文件，其宽度为 23 厘米，高度为 22.23 厘米，分辨率为 72 像素/英寸，颜色模式为 RGB，背景内容为白色，单击"确定"按钮。

步骤 2 选择"渐变"工具 ，单击属性栏中的"点按可编辑渐变"按钮 ，弹出"渐变编辑器"对话框，在"位置"选项中分别输入 0、32、76 三个位置点，分别设置 3 个位置点颜色的 RGB 值为：0（125、214、193），32（231、228、132），76（255、255、255），如图 5-67 所示，单击"确定"按钮。在属性栏中选中"线性渐变"按钮 ，在图像窗口中从上到下拖曳渐变，效果如图 5-68 所示。

步骤 3 按 Ctrl＋O 组合键，打开光盘中的"Ch05 > 素材 > 制作旅游宣传单 > 01"文件。选择"移动"工具 ，将 01 图片拖曳到图像窗口中适当的位置，效果如图 5-69 所示，在"图层"控制面板中生成新的图层并将其命名为"动物"。

图 5-67　　　　　　　　　图 5-68　　　　　　　　　图 5-69

步骤 4 将前景色设为白色。选择"横排文字"工具 $\boxed{T}$，在适当的位置输入需要文字并选取文字，在属性栏中选择合适的字体并设置文字大小，按 Alt+向左方向键，调整文字适当间距，效果如图 5-70 所示，在"图层"控制面板中生成新的文字图层。

步骤 5 单击"图层"控制面板下方的"添加图层样式"按钮 $\boxed{fx}$，在弹出的菜单中选择"描边"命令，弹出对话框，将描边颜色设为白色，其他选项的设置如图 5-71 所示。

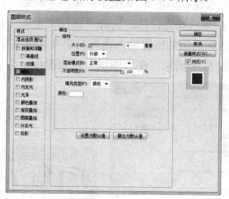

图 5-70　　　　　　　　　　　　　　图 5-71

步骤 6 选择"渐变叠加"选项，切换到相应的对话框，单击"渐变"选项右侧的"点按可编辑渐变"按钮 ，弹出"渐变编辑器"对话框，将渐变颜色设为从深蓝色（其 R、G、B 的值分别为 0、89、89）到浅蓝色（其 R、G、B 的值分别为 64、176、176），如图 5-72 所示。单击"确定"按钮，返回到"渐变叠加"对话框中，其他选项的设置如图 5-73 所示。

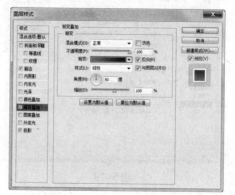

图 5-72　　　　　　　　　　　　　　图 5-73

步骤 7 选择"投影"选项，切换到相应的对话框，将投影颜色设为绿色（其 R、G、B 值分别为 156、207、187），其他选项的设置如图 5-74 所示。单击"确定"按钮，效果如图 5-75 所示。

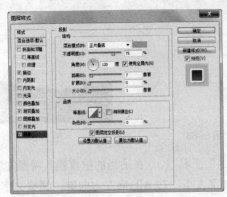

图 5-74　　　　　　　　　　　　　　图 5-75

步骤 8 选择"横排文字"工具 T，单击属性栏中的"创建变形文本"按钮，在弹出的对话框中进行设置，如图 5-76 所示。单击"确定"按钮，效果如图 5-77 所示。

步骤 9 将前景色设为白色。选择"横排文字"工具 T，在属性栏中选择合适的字体并设置文字大小，在适当的位置输入需要文字并选取文字，按 Alt+向左方向键，调整文字适当间距，效果如图 5-78 所示，在"图层"控制面板中生成新的文字图层。

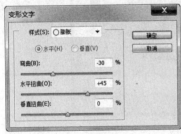

图 5-76　　　　　　　　图 5-77　　　　　　　　图 5-78

步骤 10 单击"图层"控制面板下方的"添加图层样式"按钮 fx，在弹出的菜单中选择"投影"命令，弹出对话框，选项的设置如图 5-79 所示。单击"确定"按钮，效果如图 5-80 所示。

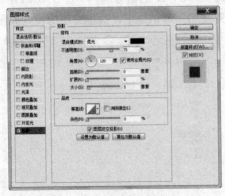

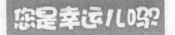

图 5-79　　　　　　　　　　　图 5-80

步骤 11 选择"横排文字"工具 T，在适当的位置分别输入需要暗绿色（其 R、G、B 值分别为 39、109、93）和草绿色（其 R、G、B 值分别为 84、128、94）文字，在属性栏中分别选择合适的字体并设置文字大小，按 Alt+向左方向键，适当调整文字间距，效果如图 5-81 所示，在"图层"控制面板中分别生成新的文字图层。

步骤 12　选中文字"0 让利……无限风景"，在属性栏中选择合适的字体并设置文字大小，填充文字为深绿色（其 R、G、B 值分别为 62、110、73），效果如图 5-82 所示。

图 5-81　　　　　　　　　　　　　　　　　　　图 5-82

步骤 13　按 Ctrl+O 组合键，打开光盘中的"Ch05 > 素材 > 制作旅游宣传单 > 02"文件。选择"移动"工具，将 02 图片拖曳到图像窗口中适当的位置，效果如图 5-83 所示。在"图层"控制面板中生成新的图层并将其命名为"会话框"。

步骤 14　将前景色设为绿色（其 R、G、B 值分别为 158、158、158）。选择"横排文字"工具，在适当的位置输入需要的文字并选取文字，在属性栏中选择合适的字体并设置文字大小，如图 5-84 所示，在"图层"控制面板中生成新的文字图层。选中文字"注册大奖"，在属性栏中选择合适的字体并设置文字大小，填充文字为深绿色（其 R、G、B 值分别为 99、112、38），效果如图 5-85 所示。使用相同的方法制作如图 5-86 所示的效果。

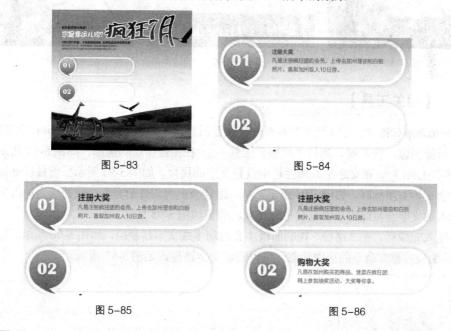

图 5-83　　　　　　　　　　　　　　　　　　　图 5-84

图 5-85　　　　　　　　　　　　　　　　　　　图 5-86

步骤 15　按 Ctrl+O 组合键，打开光盘中的"Ch5 > 素材 > 制作旅游宣传单 > 03"文件。选择"移动"工具，将 03 图片拖曳到图像窗口中适当的位置，效果如图 5-87 所示，在"图层"控制面板中生成新的图层并将其命名为"人物"。

步骤 16　新建图层并将其命名为"黑色块"。将前景色设为黑色。选择"矩形"工具，将属性栏中的"选择工具模式"选项设为"像素"，在图像窗口的适当位置拖曳鼠标绘制矩形，效果如图 5-88 所示。

图 5-87 　　　　　　　　　　　　　　　　图 5-88

步骤 17 选择"钢笔"工具 ✐，在图像窗口中绘制一条路径，如图 5-89 所示。选择"横排文字"工具 T，在属性栏中选择合适的字体并设置文字大小，将光标移动到路径的边缘，当光标变为 ⌶ 图标时，单击鼠标输入白色文字并选取文字，按 Alt+向右方向键，调整文字间距，效果如图 5-90 所示，在"图层"控制面板中生成新的文字图层。按 Enter 键隐藏路径。旅游宣传单制作完成，效果如图 5-91 所示。

图 5-89 　　　　　　　　　　图 5-90 　　　　　　　　　　图 5-91

5.2.4 【相关工具】

在 Photoshop CS6 中，可以把文本沿着路径放置，这样的文字还可以在 Illustrator 中直接编辑。

打开一幅图像，按 P 键，选择"椭圆"工具 ◯，在图像中绘制圆形，如图 5-92 所示。选择"横排文字"工具 T，在文字工具属性栏中设置文字的属性，如图 5-93 所示。当鼠标光标停放在路径上时会变为 ⌶ 图标时，如图 5-94 所示，单击路径会出现闪烁的光标，此处成为输入文字的起始点，输入的文字会按照路径的形状进行排列，效果如图 5-95 所示。

文字输入完成后，在"路径"控制面板中会自动生成文字路径层，如图 5-96 所示。取消"视图 > 显示额外内容"命令的选中状态，可以隐藏文字路径，如图 5-97 所示。

图 5-92 　　　　　　　　　　　　　　　　　　图 5-93

图 5-94

图 5-95

图 5-96

图 5-97

提 示　　"路径"控制面板中文字路径层与"图层"控制面板中相应的文字图层是相链接的，删除文字图层时，文字的路径层会自动被删除，删除其他工作路径不会对文字的排列有影响。如果要修改文字的排列形状，需要对文字路径进行修改。

5.2.5 【实战演练】制作家居宣传单

使用文本工具添加文字信息，使用钢笔工具和文本工具制作路径文字效果，使用圆角矩形工具和自定义形状工具绘制装饰图形。最终效果参看光盘中的"Ch05 > 效果 > 制作家居宣传单"，如图 5-98 所示。

图 5-98

5.3 制作银行宣传单

5.3.1 【案例分析】

银行是最主要的金融机构，办理存款、贷款、汇兑、储蓄等业务，同时也为用户提供投资理财信息、在线交易等服务。本案例是为某银行设计制作的宣传单，要求能体现出便捷、安全、灵活、稳定的交易特点。

5.3.2 【设计理念】

在设计制作过程中，使用大量的蓝色给人透彻、智慧、科技的印象，与主题相呼应。立在潮头的金子图形在突出宣传主题的同时，体现出引领行业潮流的寓意，带给人稳定、坚固、安全、放心的感觉，突显宣传的交易特色。文字的应用清晰醒目，让人便于阅读，一目了然。最终效果参看光盘中的"Ch05 > 效果 > 制作银行宣传单"，如图 5-99 所示。

图 5-99

5.3.3　【操作步骤】

步骤 1 按 Ctrl＋O 组合键，打开光盘中的"Ch05> 素材 > 制作银行宣传单 > 01"文件，如图 5-100 所示。新建"箭头"图层。将前景色设为红色（其 R、G、B 的值分别为 231、31、25）。选择"钢笔"工具，将属性栏中的"选择工具模式"选项设为"路径"，在图像窗口中拖曳鼠标绘制闭合路径，如图 5-101 所示。

步骤 2 按 Ctrl+Enter 组合键，将路径转化为选区。按 Alt+Delete 组合键，用前景色填充选区，按 Ctrl+D 组合键取消选区，效果如图 5-102 所示。

图 5-100　　　　　图 5-101　　　　　图 5-102

步骤 3 单击"图层"控制面板下方的"添加图层样式"按钮，在弹出的菜单中选择"描边"命令，弹出对话框，将描边颜色设为白色，其他选项的设置如图 5-103 所示。单击"确定"按钮，效果如图 5-104 所示。

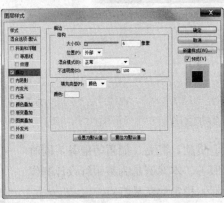

图 5-103　　　　　　　　　　　图 5-104

步骤 4 选择"横排文字"工具，在属性栏中选择合适的字体并设置大小，输入需要的文字，如图 5-105 所示，在"图层"控制面板中生成新的文字图层。按 Ctrl+T 组合键，在文字周围出现变换框，将鼠标光标放在变换框的控制手柄外边，光标变为旋转图标，拖曳鼠标将文字旋转到适当的角度，按 Enter 键确定操作，效果如图 5-106 所示。

步骤 5 单击"图层"控制面板下方的"添加图层样式"按钮，在弹出的菜单中选择"描边"命令，弹出对话框，将描边颜色设为白色，其他选项的设置如图 5-107 所示。单击"确定"按钮，效果如图 5-108 所示。使用相同的方法绘制其他文字，如图 5-109 所示。

图 5-105　　　　　　　　　　　　图 5-106

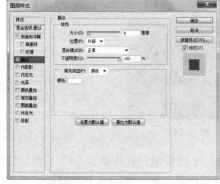

图 5-107　　　　　　　　图 5-108　　　　　　图 5-109

步骤 6 选择"图层 > 栅格化 > 文字"命令，将文字图层转换为图像图层。选择"套索"工具 ◯，在"心"字右侧绘制选区，如图 5-110 所示。按 Delete 键，将选区中的图像删除。按 Ctrl+D 组合键取消选区，效果如图 5-111 所示。

步骤 7 新建图层生成"图层 1"。选择"钢笔"工具 ◯，在图像窗口中拖曳鼠标绘制闭合路径，如图 5-112 所示。按 Ctrl+Enter 组合键，将路径转化为选区。按 Alt+Delete 组合键，用前景色填充选区，按 Ctrl+D 组合键取消选区，效果如图 5-113 所示。

图 5-110　　　图 5-111　　　图 5-112　　　　图 5-113

步骤 8 单击"图层"控制面板下方的"添加图层样式"按钮 fx.，在弹出的菜单中选择"描边"命令，弹出对话框，将描边颜色设为白色，其他选项的设置如图 5-114 所示。单击"确定"按钮，效果如图 5-115 所示。

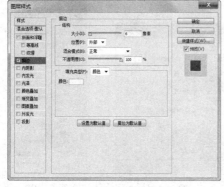

图 5-114　　　　　　　　　　图 5-115

边做边学——Photoshop CS6 图像制作案例教程

中等职业教育数字艺术类规划教材

步骤 9 按 Ctrl+O 组合键，打开光盘中的 "Ch05 > 素材 > 制作银行宣传单 > 02、03" 文件。选择 "移动" 工具 ，分别将 02、03 图片拖曳到图像窗口中的适当位置，效果如图 5-116 所示，在 "图层" 控制面板中生成新的图层并将其命名为 "元宝" 和 "光晕"。

步骤 10 将前景色设为白色。选择 "横排文字" 工具 T ，在适当的位置输入需要的文字并选取文字，在属性栏中选择合适的字体并设置大小，效果如图 5-117 所示，在 "图层" 控制面板中生成新的文字图层并将其命名为 "宣传文字"。

图 5-116   图 5-117

步骤 11 按 Ctrl+O 组合键，打开光盘中的 "Ch05 > 素材 > 制作银行宣传单 > 04" 文件。选择 "移动" 工具 ，将 04 图片拖曳到图像窗口中的适当位置，效果如图 5-118 所示，在 "图层" 控制面板中生成新的图层并将其命名为 "云"。

步骤 12 选择 "横排文字" 工具 T ，在适当的位置分别输入需要的文字并选取文字，在属性栏中选择合适的字体并分别设置文字大小，效果如图 5-119 所示，在 "图层" 控制面板中生成新的文字图层。

图 5-118   图 5-119

步骤 13 在 "图层" 控制面板上方，将 "交易便捷" 图层的 "不透明度" 选项设为 60%，如图 5-120 所示。将 "交易灵活" 图层的 "不透明度" 选项设为 50%，如图 5-121 所示，图像效果如图 5-122 所示。银行宣传单制作完成。

图 5-120   图 5-121   图 5-122

5.3.4 【相关工具】

"图层"控制面板中文字图层的效果如图 5-123 所示，选择"图层 > 栅格化 > 文字"命令，可以将文字图层转换为图像图层，如图 5-124 所示。也可用鼠标右键单击文字图层，在弹出的快捷菜单中选择"栅格化文字"命令。

图 5-123　　　　　　　　图 5-124

5.3.5 【实战演练】制作空调宣传单

使用渐变工具和图层混合模式制作背景底图，使用椭圆工具和添加图层样式命令制作装饰圆形，使用钢笔工具、添加图层蒙版命令和渐变工具制作图形渐隐效果，使用自定形状工具绘制装饰星形，使用文字工具添加宣传性文字。最终效果参看光盘中的"Ch05 > 效果 > 制作空调宣传单"，如图 5-125 所示。

图 5-125

5.4 综合演练——制作水果店宣传单

5.4.1 【案例分析】

水果不但含有丰富的营养且能够帮助消化，是人们现代生活中不可缺少的一部分。本案例是为某水果店设计制作的宣传单，要求体现出水果新鲜、丰富和营养的特点。

5.4.2 【设计理念】

在设计制作过程中，使用大量的橙红色带给人快乐、富足和幸福感。人物与水果的结合体现出水果丰富的营养和与人类密不可分的关系，与宣传主题相呼应。不同水果的摆放在突出新鲜感的同时，体现出店面种类丰富的特点。文字的设计清晰醒目，让人一目了然，宣传性强。

5.4.3 【知识要点】

使用钢笔工具和渐变工具制作背景底图，使用动感模糊滤镜命令为图片制作投影，使用添加图层样式命令为文字添加样式，使用彩色半调滤镜命令制作装饰图形，使用钢笔工具和横排文字工具制作路径文字效果。最终效果参看光盘中的"Ch05 > 效果 > 制作水果店宣传单"，如图 5-126 所示。

图 5-126

5.5 综合演练——制作街舞大赛宣传单

5.5.1 【案例分析】

本案例是为某街舞大赛设计制作的宣传单。参赛舞者惊人的创造力、令人咋舌的高难动作、最潮的服装道具，加上多民族融合的大聚会，绝对让人过目难忘。对于普通观众，此大赛的强烈视觉冲击力也会让人流连忘返。

5.5.2 【设计理念】

在设计制作过程中，使用红色的背景引起人们视觉的冲击，营造出热情、激烈的氛围。激情跳跃的人物形象和不规则的图形设计在点明宣传主题的同时，带给人积极、奔放、热烈的印象，易引发人们的斗志，让人产生向往之情。文字的运用醒目突出，让人一目了然。

5.5.3 【知识要点】

使用移动工具添加素材图片，使用钢笔工具绘制装饰图形，使用图层的混合模式和不透明度制作图片的合成效果，使用文本工具添加文字信息。最终效果参看光盘中的"Ch05 > 效果 > 制作街舞大赛宣传单"，如图 5-127 所示。

图 5-127

第6章 广告设计

广告以多种形式出现在城市中，它是城市商业发展的写照。广告一般通过电视、报纸、霓虹灯等媒体来发布。好的广告能强化视觉冲击力，抓住观众的视线。本章以制作多种题材的广告为例，介绍广告的设计方法和制作技巧。

课堂学习目标

- 掌握广告的设计思路和表现手段
- 掌握广告的制作方法和技巧

6.1 制作咖啡广告

6.1.1 【案例分析】

咖啡是采用经过烘焙的咖啡豆所制作出来的饮料，是人类社会流行范围最为广泛的饮料之一。本案例是为绿聚岛商店设计制作的咖啡广告，要求能体现出经营特色和方针。

6.1.2 【设计理念】

在设计思路上，使用由浅到深的咖啡色营造出宁静、舒适的氛围，在体现出经营环境的同时，展现出低调的品质感。背景图的添加展示出深厚的文化气息，与宣传主题相呼应。冒着热气的咖啡杯在展示宣传主题的同时，增加了画面的活泼感。文字与标志的设计点明主题，让人一目了然。最终效果参看光盘中的"Ch06 > 效果 > 制作咖啡广告"，如图6-1所示。

图6-1

6.1.3 【操作步骤】

1. 制作广告主体图片

步骤 1 按 Ctrl+O 组合键，打开光盘中的"Ch06 > 素材 > 制作咖啡广告 > 01、02"文件，如图6-2所示。选择"移动"工具 ，将02图片拖曳到01图像窗口中的适当位置并调整其大小，效果如图6-3所示，在"图层"控制面板中生成新的图层并将其命名为"咖啡"。

图 6-2　　　　　　图 6-3

步骤 2 单击"图层"控制面板下方的"添加图层样式"按钮 fx，在弹出的菜单中选择"投影"命令，在弹出的对话框中进行设置，如图 6-4 所示。单击"确定"按钮，效果如图 6-5 所示。

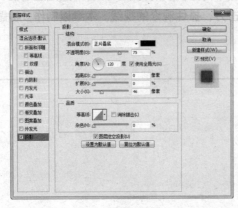

图 6-4　　　　　　　　　　　图 6-5

步骤 3 按 Ctrl+O 组合键，打开光盘中的"Ch06＞素材＞制作咖啡广告＞03"文件。选择"移动"工具，将 03 图片拖曳到图像窗口中的适当位置并调整其大小，效果如图 6-6 所示。在"图层"控制面板中生成新的图层并将其命名为"羽毛"，并将其拖曳到"咖啡"图层的下方，图像效果如图 6-7 所示。

图 6-6　　　　　　图 6-7

步骤 4 单击"图层"控制面板下方的"添加图层样式"按钮 fx，在弹出的菜单中选择"外发光"命令，在弹出的对话框中进行设置，如图 6-8 所示。单击"确定"按钮，效果如图 6-9 所示。

步骤 5 选中"咖啡"图层。按 Ctrl+O 组合键，打开光盘中的"Ch06＞素材＞制作咖啡广告＞04"文件。选择"移动"工具，将 04 图片拖曳到图像窗口中的适当位置并调整其大小，效果如图 6-10 所示，在"图层"控制面板中生成新的图层并将其命名为"装饰"。

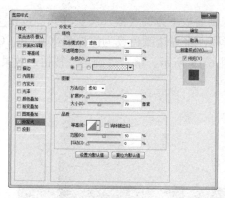

图 6-8

图 6-9

图 6-10

2. 添加宣传文字和商标

步骤 1 将前景色设为土黄色（其 R、G、B 值分别为 187、161、99）。选择"横排文字"工具 T，分别在适当的位置输入需要的文字并选取文字，在属性栏中选择合适的字体并设置文字大小，在"图层"控制面板中生成新的文字图层，如图 6-11 所示。分别将输入的文字选取，按 Ctrl+T 组合键，弹出"字符"面板，单击"仿斜体"按钮 T，将文字倾斜，效果如图 6-12 所示。

图 6-11

图 6-12

步骤 2 选择"现磨"文字图层。单击"图层"控制面板下方的"添加图层样式"按钮 fx，在弹出的菜单中选择"描边"命令，弹出"图层样式"对话框，将描边颜色设为深棕色（其 R、G、B 的值分别为 67、25、0），其他选项的设置如图 6-13 所示。单击"确定"按钮，效果如图 6-14 所示。

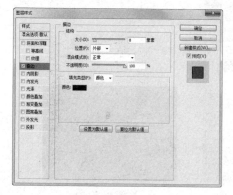

图 6-13

图 6-14

步骤 **3** 选中"咖啡"文字图层。单击"图层"控制面板下方的"添加图层样式"按钮 **fx.**，在弹出的菜单中选择"描边"命令，弹出对话框，将描边颜色设为深棕色（其 R、G、B 的值分别为 67、25、0），其他选项的设置如图 6-15 所示。单击"确定"按钮，效果如图 6-16 所示。

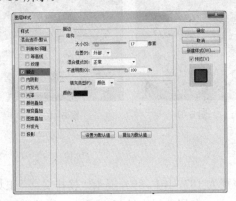

图 6-15 　　　　　　　　　　　　　　　　　　　图 6-16

步骤 **4** 选择"横排文字"工具 **T.**，选取文字"2"，并填充为红色（其 R、G、B 的值分别为 193、0、44），如图 6-17 所示。单击"图层"控制面板下方的"添加图层样式"按钮 **fx.**，在弹出的菜单中选择"投影"命令，在弹出的对话框中进行设置，如图 6-18 所示。单击"描边"选项，切换到相应的对话框，将描边颜色设为红色（其 R、G、B 的值分别为 67、25、0），其他选项的设置如图 6-19 所示。单击"确定"按钮，效果如图 6-20 所示。

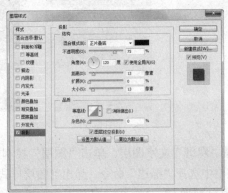

图 6-17 　　　　　　　　　　　　　　　　　　　图 6-18

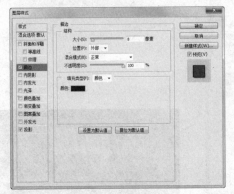

图 6-19 　　　　　　　　　　　　　　　　　　　图 6-20

步骤 5 选择"元/杯"图层。单击"图层"控制面板下方的"添加图层样式"按钮 **fx.**，在弹出的菜单中选择"描边"命令，弹出对话框，将描边颜色设为深棕色（其 R、G、B 的值分别为 67、25、0），其他选项的设置如图 6-21 所示。单击"确定"按钮，效果如图 6-22 所示。

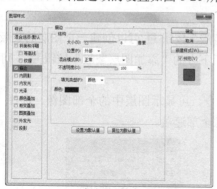

图 6-21   图 6-22

步骤 6 将前景色设为深棕色（其 R、G、B 的值分别为 67、25、0）。选择"横排文字"工具 **T.**，在适当的位置输入需要的文字并选取文字，在属性栏中选择合适的字体并设置文字大小，效果如图 6-23 所示，在"图层"控制面板中生成新的文字图层。按 Ctrl+T 组合键，弹出"字符"面板，选项的设置如图 6-24 所示，按 Enter 键确认，效果如图 6-25 所示。

图 6-23   图 6-24   图 6-25

步骤 7 按 Ctrl+O 组合键，打开光盘中的"Ch06 > 素材 > 制作咖啡广告 > 05"文件。选择"移动"工具 **▶+.**，将 05 图片拖曳到图像窗口中的适当位置并调整其大小，效果如图 6-26 所示，在"图层"控制面板中生成新的图层并将其命名为"标志"。

步骤 8 将前景色设为深蓝色（其 R、G、B 的值分别为 54、48、71）。选择"横排文字"工具 **T.**，在适当的位置输入需要的文字并选取文字，在属性栏中选择合适的字体并设置文字大小，效果如图 6-27 所示，在"图层"控制面板中生成新的文字图层。咖啡广告制作完成，效果如图 6-28 所示。

图 6-26   图 6-27   图 6-28

6.1.4 【相关工具】

1. 添加图层蒙版

　　单击"图层"控制面板下方的"添加图层蒙版"按钮，可以创建一个图层的蒙版，如图 6-29 所示。按住 Alt 键的同时单击"图层"控制面板下方的"添加图层蒙版"按钮，可以创建一个遮盖图层全部的蒙版，如图 6-30 所示。

　　选择"图层 > 图层蒙版 > 显示全部"命令，可显示图层中的全部图像。选择"图层 > 图层蒙版 > 隐藏全部"命令，可将图层中的图像全部遮盖。

图 6-29　　　　　　　　　图 6-30

2. 隐藏图层蒙版

　　按住 Alt 键的同时单击图层蒙版缩览图，图像窗口中的图像将被隐藏，只显示图层蒙版缩览图中的效果，如图 6-31 所示，"图层"控制面板中的效果如图 6-32 所示。按住 Alt 键的同时，再次单击图层蒙版缩览图，将恢复图像窗口中的图像效果。按住 Alt+Shift 组合键的同时，单击图层蒙版缩览图，将同时显示图像和图层蒙版中的内容。

图 6-31　　　　　　　　　图 6-32

3. 图层蒙版的链接

　　在"图层"控制面板中，图层缩览图与图层蒙版缩览图之间存在链接图标。当图层图像与蒙版关联时，移动图像时蒙版会同步移动，单击链接图标将不显示此图标，可以分别对图像与蒙版进行操作。

4. 应用及删除图层蒙版

　　在"通道"控制面板中双击"图层 1 蒙版"通道，弹出"图层蒙版显示选项"对话框，如图 6-33 所示，在对话框中可以对蒙版的颜色和不透明度进行设置。

选择"图层 > 图层蒙版 > 停用"命令或按住 Shift 键的同时单击"图层"控制面板中的图层蒙版缩览图,图层蒙版被停用,如图 6-34 所示,图像将全部显示,效果如图 6-35 所示。按住 Shift 键的同时再次单击图层蒙版缩览图,将恢复图层蒙版效果。

选择"图层 > 图层蒙版 > 删除"命令,或在图层蒙版缩览图上单击鼠标右键,在弹出的快捷菜单中选择"删除图层蒙版"命令,可以将图层蒙版删除。

图 6-33

图 6-34

图 6-35

5. 替换颜色

替换颜色命令能够将图像中的颜色进行替换。原始图像效果如图 6-36 所示,选择"图像 > 调整 > 替换颜色"命令,弹出"替换颜色"对话框。用吸管工具在图像中吸取要替换的浅棕色,单击"替换"选项组中的"结果"选项的颜色图标,弹出"选择目标颜色"对话框,将要替换的颜色设置为象牙色,设置"替换"选项组的色相、饱和度和明度选项,如图 6-37 所示。单击"确定"按钮,图像中的浅棕色被替换为象牙色,效果如图 6-38 所示。

图 6-36

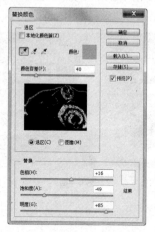
图 6-37

图 6-38

选区:用于设置"颜色容差"的数值,数值越大,吸管工具取样的颜色范围越大,在"替换"选项组中调整图像颜色的效果越明显。选中"选区"单选项可以创建蒙版。

6.1.5 【实战演练】制作美食广告

使用图层的混合模式制作背景图片的混合效果,使用图层样式和矢量蒙版制作宣传主体,使用横排文字工具和钢笔工具添加路径文字。最终效果参看光盘中的"Ch06 > 效果 > 制作美食广告",如图 6-39 所示。

图 6-39

6.2 制作婴儿产品广告

6.2.1 【案例分析】

随着人们生活水平的不断提高，婴儿用品被越来越多的人们接受和使用。本案例是为某公司设计制作的婴儿产品广告，要求展现出清爽、舒适和安全的品质。

6.2.2 【设计理念】

在设计制作过程中，浅蓝色的天空作为画面的背景，给人干爽、洁净的印象。金黄色的向日葵和可爱的宝宝图案能瞬间抓住人们的视线，展现出阳光、安全、舒适的品牌特点。蓝色的心形图案带给人洁净、清爽的感觉，同时揭示出良心产品、放心使用的品牌经营理念。左下角的银灰色设计提升了产品的档次，且与右上角的图案相呼应。最终效果参看光盘中的"Ch06 > 效果 > 制作婴儿产品广告"，如图 6-40 所示。

图 6-40

6.2.3 【操作步骤】

1. 制作背景效果

步骤 1 按 Ctrl+N 组合键，新建一个文件，其宽度为 22.6 厘米，高度为 14.3 厘米，分辨率为 300 像素/厘米，颜色模式为 RGB，背景内容为白色，单击"确定"按钮。将前景色设为蓝色（其 R、G、B 的值分别为 0、167、234），按 Alt+Delete 组合键，用前景色填充"背景"图层，如图 6-41 所示。

步骤 2 按 Ctrl+O 组合键，打开光盘中的"Ch06 > 素材 > 制作婴儿产品广告 > 01"文件。选择"移动"工具，将 01 图片拖曳到图像窗口中适当的位置，效果如图 6-42 所示，在"图层"控制面板中生成新的图层并将其命名为"白云"。

图 6-41   图 6-42

步骤 3 新建图层并命名为"阳光"。将前景色设为白色。选择"椭圆选框"工具 ◯，按住 Shift
键的同时，绘制圆形选区，如图 6-43 所示。按 Alt+Delete 组合键，用前景色填充选区并取消
选区，效果如图 6-44 所示。选择"滤镜 > 模糊 > 高斯模糊"命令，在弹出的对话框中进
行设置，如图 6-45 所示。单击"确定"按钮，效果如图 6-46 所示。

图 6-43   图 6-44

图 6-45   图 6-46

步骤 4 选择"椭圆"工具 ◯，将属性栏中的"选择工具模式"选项设为"形状"，在图像窗口
中绘制形状，如图 6-47 所示。在"图层"控制面板上方，将该图层的"不透明度"选项设
为 10%，如图 6-48 所示，图像效果如图 6-49 所示。

图 6-47   图 6-48   图 6-49

步骤 5 选择"移动"工具 ►ↈ，按住 Alt 键的同时，拖曳形状到适当的位置并调整其大小，效

果如图 6-50 所示。用相同的方法复制多个图形并调整其大小，如图 6-51 所示。

图 6-50

图 6-51

步骤 6 选择"自定形状"工具，将属性栏中的"选择工具模式"选项设为"形状"，单击"形状"选项，在弹出的面板中选择需要的形状，如图 6-52 所示。在图像窗口中绘制形状并调整其角度，效果如图 6-53 所示。

图 6-52

图 6-53

步骤 7 在"图层"控制面板上方，将形状图层的混合模式选项设为"叠加"，"不透明度"选项设为 50%，如图 6-54 所示，效果如图 6-55 所示。用相同的方法复制图形并分别调整其不透明度，效果如图 6-56 所示。

图 6-54

图 6-55

图 6-56

步骤 8 在"图层"控制面板中按住 Shift 键的同时，单击"形状 01"图层，将所有形状图层同时选取，如图 6-57 所示。按 Ctrl+G 组合键，群组图层并将其命名为"装饰形状"，如图 6-58 所示。

图 6-57

图 6-58

2. 制作主体画面

步骤 1 新建"主体画面"图层组。按 Ctrl+O 组合键，打开光盘中的"Ch06 > 素材 > 制作婴儿产品广告 > 02、03"文件。选择"移动"工具 ⊕，将 02、03 图片拖曳到图像窗口中适当的位置，效果如图 6-59 和图 6-60 所示，在"图层"控制面板中生成新的图层并将其命名为"白云"和"向日葵 1"。

图 6-59

图 6-60

步骤 2 选择"滤镜 > 模糊 > 动感模糊"命令，在弹出的对话框中进行设置，如图 6-61 所示。单击"确定"按钮，效果如图 6-62 所示。

图 6-61

图 6-62

步骤 3 选择"图像 > 调整 > 亮度/对比度"命令，在弹出的对话框中进行设置，如图 6-63 所示。单击"确定"按钮，效果如图 6-64 所示。

图 6-63

图 6-64

步骤 4 单击"图层"控制面板下方的"创建新的填充或调整图层"按钮 ◑，在弹出的菜单中选择"亮度/对比度"命令，弹出"亮度/对比度"面板，同时生成"亮度/对比度"图层，在面板中进行设置，如图 6-65 所示，图像效果如图 6-66 所示。

步骤 5 按 Ctrl+O 组合键，打开光盘中的"Ch06 > 素材 > 制作婴儿产品广告 > 04、05"文件。选择"移动"工具 ⊕，将 04、05 图片拖曳到图像窗口中适当的位置，效果如图 6-67 所示，在"图层"控制面板中生成新的图层并将其命名为"向日葵 2"和"宝宝"。

中
等
职
业
教
育
数
字
艺
术
类
规
划
教
材

图 6-65

图 6-66

图 6-67

步骤 6 单击"图层"控制面板下方的"添加图层样式"按钮 _fx._，在弹出的菜单中选择"投影"命令，弹出对话框，选项设置如图 6-68 所示。单击"确定"按钮，效果如图 6-69 所示。

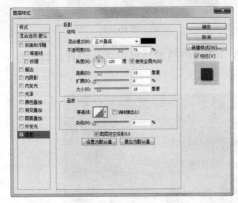

图 6-68

图 6-69

3. 制作心形图案

步骤 1 新建"心形图案"图层组。将前景色设为蓝色（其 R、G、B 的值分别为 0、160、233）。选择"自定形状"工具 ，在图像窗口中绘制需要的形状并旋转其角度，如图 6-70 所示。将形状图层拖曳到控制面板下方的"创建新图层"按钮 上进行复制，生成副本图层。在图像窗口中调整其大小，如图 6-71 所示。

图 6-70

图 6-71

步骤 2 选择"图层 > 栅格化 > 图层"命令，栅格化图层。按住 Ctrl 键，单击副本图层的图层缩览图，在图像周围生成选区，如图 6-72 所示。

步骤 3 选择"渐变"工具 ，单击属性栏中的"点按可编辑渐变"按钮 ，弹出"渐变编辑器"对话框,将渐变色设为从灰色(其 R、G、B 的值分别为 184、185、185)到浅灰(其 R、G、B 的值分别为 218、218、218)再到灰色(其 R、G、B 的值分别为 184、185、185),如图 6-73 所示。单击"确定"按钮,在选区中从左上方向右下方拖曳渐变色,如图 6-74 所示。按 Ctrl+D 组合键,取消选区。

图 6-72　　　　　　　　　　　　　图 6-73　　　　　　　　　　　　　图 6-74

步骤 4　将副本图层拖曳到形状图层的下方,效果如图 6-75 所示。栅格化形状图层。选择"加深"工具 ,在图像窗口中拖曳鼠标加深图像,如图 6-76 所示。

图 6-75　　　　　　　　　　　　　　　　　　　　图 6-76

步骤 5　新建图层并命名为"高光"。选择"钢笔"工具 ,将属性栏中的"选择工具模式"选项设为"路径",在图像窗口中绘制路径。按 Ctrl+Enter 组合键,将路径转化为选区,填充为白色,取消选区,如图 6-77 所示。选择"滤镜 > 模糊 > 高斯模糊"命令,在弹出的对话框中进行设置,如图 6-78 所示。单击"确定"按钮,效果如图 6-79 所示。"心形形状"图层组绘制完成。

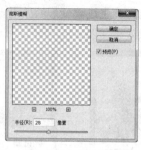

图 6-77　　　　　　　　　　　图 6-78　　　　　　　　　　　图 6-79

步骤 6　将前景色设为灰色(其 R、G、B 的值分别为 181、181、182)。选择"钢笔"工具 ,将属性栏中的"选择工具模式"选项设为"形状",在图像窗口中绘制形状,如图 6-80 所示。

中等职业教育数字艺术类规划教材

步骤 7 单击"图层"控制面板下方的"添加图层样式"按钮 fx.，在弹出的菜单中选择"渐变叠加"命令，弹出对话框，单击"渐变"选项右侧的"点按可编辑渐变"按钮 ▬▬▬▬ ，弹出"渐变编辑器"对话框，在 0、24、48、73、100 五个位置处设置颜色，分别为白色、灰色（其 R、G、B 的值分别为 201、202、202）、白色、灰色（其 R、G、B 的值分别为 201、202、202）、白色，单击"确定"按钮，返回"渐变叠加"对话框，设置如图 6-81 所示。单击"确定"按钮，效果如图 6-82 所示。

步骤 8 按 Ctrl+O 组合键，打开光盘中的"Ch06 > 素材 > 制作婴儿产品广告 > 06"文件。选择"移动"工具 ▶+，将 06 图片拖曳到图像窗口中适当的位置，效果如图 6-83 所示，在"图层"控制面板中生成新的图层并将其命名为"广告语"。婴儿产品广告制作完成。

图 6-80

图 6-81

图 6-82

图 6-83

6.2.4 【相关工具】

1. 纹理滤镜组

纹理滤镜可以使图像中各颜色之间产生过渡变形的效果。纹理滤镜的子菜单如图 6-84 所示。原图像及应用纹理滤镜组制作的图像效果如图 6-85 所示。

图 6-84

原图

龟裂缝

颗粒

图 6-85

马赛克拼贴

拼缀图

染色玻璃

纹理化

图 6-85（续）

2. 画笔描边滤镜组

画笔描边滤镜对 CMYK 和 Lab 颜色模式的图像都不起作用。画笔描边滤镜的子菜单如图 6-86 所示。原图像及应用画笔描边滤镜组制作的图像效果如图 6-87 所示。

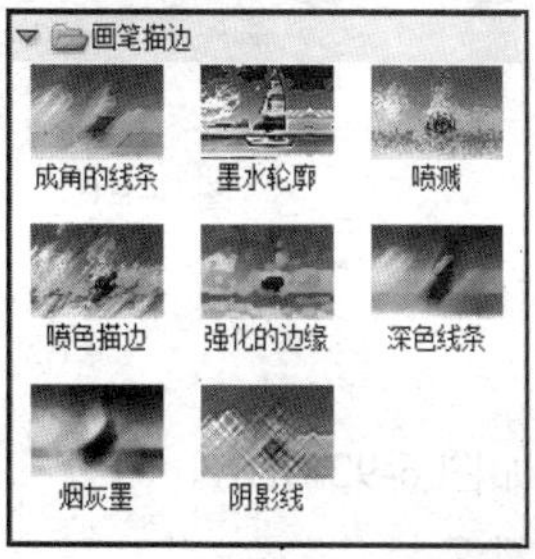

图 6-86

原图

成角的线条

墨水轮廓

喷溅

喷色描边

强化的边缘

深色线条

烟灰墨

阴影线

图 6-87

3. 加深工具

选择"加深"工具 ，或反复按 Shift+O 组合键，其属性栏状态如图 6-88 所示。属性栏中的选项内容与减淡工具属性栏选项内容的作用正好相反。

图 6-88

启用"加深"工具 ，在属性栏中按如图 6-89 所示进行设定，在图像中单击并按住鼠标左键，拖曳鼠标使图像产生加深的效果。原图像和加深后的图像效果如图 6-90 和图 6-91 所示。

图 6-89   图 6-90   图 6-91

4. 减淡工具

选择"减淡"工具 ，或反复按 Shift+O 组合键，其属性栏状态如图 6-92 所示。

图 6-92

"范围"选项用于设定图像中所要提高亮度的区域；"曝光度"选项用于设定曝光的强度。

选择"减淡"工具 ，在属性栏中按如图 6-93 所示进行设定，在图像中单击并按住鼠标左键，拖曳鼠标使图像产生减淡的效果。原图像和减淡后的图像效果如图 6-94 和图 6-95 所示。

图 6-93   图 6-94   图 6-95

6.2.5 【实战演练】制作手机广告

使用椭圆工具和高斯模糊命令制作高光，使用钢笔工具、图层样式命令和图层蒙版制作背景形状图形，使用曲线调整层调整图像。最终效果参看光盘中的"Ch06 > 效果 > 制作手机广告"，如图 6-96 所示。

图 6-96

6.3 制作啤酒节广告

6.3.1 【案例分析】

　　啤酒节是每个啤酒爱好者都喜欢参加的狂欢节日。本案例是为某啤酒公司制作的啤酒节广告，要求在宣传产品的同时，展现出热情、活力的氛围。

6.3.2 【设计理念】

　　在设计制作过程中，蓝色的背景和冰块图片营造出清爽、舒适的氛围。使用旋转的线条和喷溅的啤酒图片形成视觉中心，达到烘托气氛和宣传主题的作用。使用产品图片展示出啤酒产品，并使版面设计产生空间变化。最终效果参看光盘中的"Ch06 ＞ 效果 ＞ 制作啤酒节广告"，如图 6-97 所示。

图 6-97

6.3.3 【操作步骤】

1. 制作背景装饰图

步骤 1 按 Ctrl+N 组合键，新建一个文件，其宽度为 29.7 厘米，高度为 21 厘米，分辨率为 300 像素/厘米，颜色模式为 RGB，背景内容为白色，单击"确定"按钮。将前景色设为蓝色（其 R、G、B 的值分别为 38、119、189），按 Alt+Delete 组合键，用前景色填充"背景"图层，如图 6-98 所示。

步骤 2 按 Ctrl+O 组合键，打开光盘中的"Ch06＞ 素材 ＞ 制作啤酒节广告 ＞01"文件。选择"移动"工具 ，将 01 图片拖曳到图像窗口中适当的位置，效果如图 6-99 所示，在"图层"控制面板中生成新的图层并将其命名为"冰块"。

图 6-98

图 6-99

步骤 3 单击"图层"控制面板下方的"添加图层蒙版"按钮 ⬜，为图层添加蒙版，如图 6-100 所示。选择"渐变"工具 ■，单击属性栏中的"点按可编辑渐变"按钮 ▭ ，弹出 "渐变编辑器"对话框，将渐变色设为从白色到黑色，如图 6-101 所示。单击"确定"按钮，在图像上从上向下拖曳渐变色，效果如图 6-102 所示。

图 6-100

图 6-101

图 6-102

步骤 4 新建图层并将其命名为"渐变"。选择"渐变"工具 ■，单击属性栏中的"点按可编辑 渐变"按钮 ▭ ，弹出"渐变编辑器"对话框，将渐变色设为从深蓝色（其 R、G、B 的值分别为 18、51、95）到蓝色（其 R、G、B 的值分别为 38、119、189），如图 6-103 所示。单击"确定"按钮，在图像上从左上方向右下方拖曳渐变色，效果如图 6-104 所示。

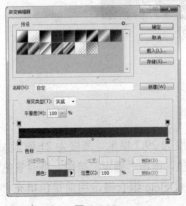
图 6-103

图 6-104

步骤 5 在"图层"控制面板上方，将该图层的混合模式选项设为"叠加"，如图 6-105 所示，图像效果如图 6-106 所示。

图 6-105

图 6-106

步骤 6 新建图层并将其命名为"螺旋"。将前景色设为白色。选择"矩形选框"工具 ，在图像窗口中绘制矩形选区，如图 6-107 所示。按 Alt+Delete 组合键，用前景色填充选区，并取消选区，效果如图 6-108 所示。

图 6-107   图 6-108

步骤 7 选择"滤镜 > 扭曲 > 旋转扭曲"命令，在弹出的对话框中进行设置，如图 6-109 所示，单击"确定"按钮。选择"滤镜 > 模糊 > 高斯模糊"命令，在弹出的对话框中进行设置，如图 6-110 所示。单击"确定"按钮，效果如图 6-111 所示。选择"移动"工具 ，将图形拖曳到图像窗口的适当位置，并调整其大小和角度，效果如图 6-112 所示。

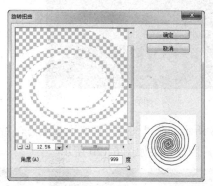
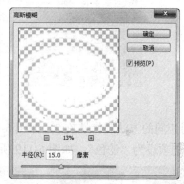

图 6-109   图 6-110

图 6-111   图 6-112

步骤 8 单击"图层"控制面板下方的"添加图层蒙版"按钮 ，为图层添加蒙版，如图 6-113 所示。选择"渐变"工具 ，单击属性栏中的"点按可编辑渐变"按钮 ，弹出"渐变编辑器"对话框，将渐变色设为从黑色到白色再到黑色，如图 6-114 所示。单击"确定"按钮，在图像上从左上向右下拖曳渐变色，效果如图 6-115 所示。

图 6-113　　　　　　　　　图 6-114　　　　　　　　　图 6-115

步骤 9 在"图层"控制面板上方，将该图层的混合模式选项设为"叠加"，如图 6-116 所示，图像效果如图 6-117 所示。

图 6-116　　　　　　　　　　　图 6-117

步骤 10 用相同的方法制作螺旋 2，如图 6-118 所示。在"图层"控制面板上方，将该图层的混合模式选项设为"滤色"，如图 6-119 所示，图像效果如图 6-120 所示。

图 6-118　　　　　　　　　图 6-119　　　　　　　　　图 6-120

2. 添加宣传主体

步骤 1 按 Ctrl+O 组合键，打开光盘中的"Ch06 > 素材 > 制作啤酒节广告 > 02"文件。选择"移动"工具 ，将图片拖曳到图像窗口中适当的位置，效果如图 6-121 所示，在"图层"控制面板中生成新的图层并将其命名为"啤酒"。

步骤 2 新建图层并将其命名为"阴影"。选择"椭圆选框"工具 ，在属性栏中将"羽化"选项设为 5 像素，在图像窗口中绘制椭圆选区，如图 6-122 所示。填充选区为黑色并取消选区，如图 6-123 所示。

图 6-121   图 6-122   图 6-123

步骤 3 选择"橡皮擦"工具 ✐，单击"画笔"选项右侧的 按钮，在弹出的面板中选择需要的画笔形状，并设置其大小和硬度，如图 6-124 所示。在属性栏中将"不透明度"选项设为 50%，在图像窗口中擦除不需要的图像，效果如图 6-125 所示。将"阴影"图层拖曳到"啤酒"图层的下方，图像效果如图 6-126 所示。

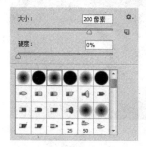

图 6-124   图 6-125   图 6-126

步骤 4 按住 Shift 键的同时，单击"啤酒"图层，将其同时选取。选择"移动"工具 ⊕，按住 Alt 键的同时，将其拖曳到适当的位置，复制图形，并调整啤酒图片的角度，如图 6-127 所示。选择"啤酒副本"图层。选择"图像 > 调整 > 色相/饱和度"命令，弹出对话框，选项的设置如图 6-128 所示。单击"确定"按钮，效果如图 6-129 所示。

图 6-127   图 6-128   图 6-129

步骤 5 选择"阴影副本"图层。单击"图层"控制面板下方的"添加图层蒙版"按钮 ⬛，为图层添加蒙版。选择"渐变"工具 ▦，单击属性栏中的"点按可编辑渐变"按钮 ▭，弹出"渐变编辑器"对话框，将渐变色设为从白色到黑色。单击"确定"按钮，在图像阴影上从左向右拖曳渐变色，效果如图 6-130 所示。

步骤 6 选择"啤酒副本"图层。按 Ctrl+O 组合键，打开光盘中的"Ch06 > 素材 > 制作啤酒节广告 > 03"文件。选择"移动"工具 ⊕，将 03 图片拖曳到啤酒图片上，效果如图 6-131 所示。在"图层"控制面板中生成新的图层并将其命名为"水滴"。

中等职业教育数字艺术类规划教材

图 6-130　　　　图 6-131

步骤7 在"图层"控制面板上方，将该图层的混合模式选项设为"叠加"，如图 6-132 所示，图像效果如图 6-133 所示。按住 Shift 键的同时，单击"阴影"图层，将两个图层之间的所有图层同时选取，按 Ctrl+G 组合键，将其编组并命名为"啤酒"。

图 6-132　　　　图 6-133

步骤8 按 Ctrl+O 组合键，打开光盘中的"Ch06 > 素材 > 制作啤酒节广告 > 04、05、06、07"文件。选择"移动"工具，分别将图片拖曳到图像窗口中适当的位置，效果如图 6-134 所示，在"图层"控制面板中生成新的图层并将其命名为"冰块 2""冰块 3""啤酒杯"和"倒酒"。

步骤9 将"倒酒"图层拖曳到"啤酒"图层组的下方，并将其混合模式选项设为"叠加"，如图 6-135 所示，图像效果如图 6-136 所示。

图 6-134　　　　图 6-135　　　　图 6-136

步骤10 按 Ctrl+O 组合键，打开光盘中的"Ch06 > 素材 > 制作啤酒节广告 > 08"文件。选择"移动"工具，将 08 图片拖曳到图像窗口中适当的位置，效果如图 6-137 所示，在"图层"控制面板中生成新的图层并将其命名为"广告语"。

步骤11 单击"图层"控制面板下方的"添加图层蒙版"按钮，为图层添加蒙版。选择"渐变"工具，单击属性栏中的"点按可编辑渐变"按钮，弹出"渐变编辑器"对话框，将渐变色设为从白色到黑色，单击"确定"按钮。在广告语上从左上方向右下方拖曳渐变色，效果如图 6-138 所示。啤酒节广告制作完成。

图 6-137

图 6-138

6.3.4 【相关工具】

1. 扭曲滤镜组

扭曲滤镜可以使图像生成一组从波纹到扭曲的变形效果。扭曲滤镜的子菜单如图 6-139 所示。原图像及应用扭曲滤镜组制作的图像效果如图 6-140 所示。

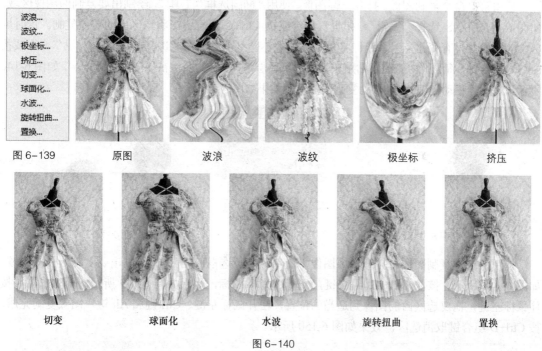

图 6-139　　　原图　　　波浪　　　波纹　　　极坐标　　　挤压

切变　　　球面化　　　水波　　　旋转扭曲　　　置换

图 6-140

2. 图像的复制

要想在操作过程中随时按需要复制图像，就必须掌握复制图像的方法。在复制图像前，要选择需要复制的图像区域，如果不选择图像区域，将不能复制图像。复制图像有以下几种方法。

使用移动工具复制图像：打开一幅图像，使用"椭圆选框"工具 ⊙ 绘制出要复制的图像区域，如图 6-141 所示。选择"移动"工具 ▶+，将光标放在选区中，光标变为 ▶ 图标，如图 6-142 所示，按住 Alt 键，光标变为 ▶ 图标，如图 6-143 所示，单击并按住鼠标左键，拖曳选区内的图像到适当的位置，松开鼠标左键和 Alt 键，图像复制完成。按 Ctrl+D 组合键取消选区，效果如图 6-144 所示。

图 6-141　　　　　　　　　图 6-142

图 6-143　　　　　　　　　图 6-144

使用菜单命令复制图像：打开一幅图像，使用"椭圆选框"工具 ⬭ 绘制出要复制的图像区域，如图 6-145 所示。选择"编辑 > 拷贝"命令或按 Ctrl+C 组合键，将选区内的图像复制。这时屏幕上的图像并没有变化，但系统已将复制的图像粘贴到剪贴板中。选择"编辑 > 粘贴"命令或按 Ctrl+V 组合键，将选区内的图像粘贴在生成的新图层中，复制的图像在原图的上面一层，如图 6-146 所示。使用"移动"工具 ⊹ 移动复制的图像，效果如图 6-147 所示。

图 6-145　　　　　　图 6-146　　　　　　图 6-147

使用快捷键复制图像：打开一幅图像，使用"椭圆选框"工具 ⬭ 绘制出要复制的图像区域，如图 6-148 所示。按住 Ctrl+Alt 组合键，光标变为 图标，效果如图 6-149 所示，同时单击并按住鼠标左键，拖曳选区内的图像到适当的位置，松开鼠标左键、Ctrl 键和 Alt 键，图像复制完成。按 Ctrl+D 组合键取消选区，效果如图 6-150 所示。

图 6-148　　　　　　图 6-149　　　　　　图 6-150

3. 图像的移动

移动工具可以将图层中的整幅图像或选定区域中的图像移动到指定位置。启用"移动"工具 ⊹

有以下两种方法。

选择"移动"工具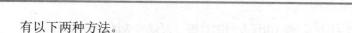，或按 V 键。其属性栏状态如图 6-151 所示。

图 6-151

"自动选择"选项用于自动选择光标所在的图像层。"显示变换控件"选项用于对选取的图层进行各种变换。属性栏中还提供了几种图层排列和分布方式的按钮。

在移动图像前，要选择移动的图像区域，如果不选择图像区域，将移动整个图像。移动图像有以下几种方法。

使用移动工具移动图像：打开一幅图像，使用"矩形选框"工具绘制出要移动的图像区域，效果如图 6-152 所示。选择"移动"工具，将鼠标光标放在选区中，鼠标光标变为图标，效果如图 6-153 所示。单击并按住鼠标左键，拖曳鼠标到适当的位置，选区内的图像被移动，原来的选区位置被背景色填充，效果如图 6-154 所示。按 Ctrl+D 组合键取消选区，移动完成。

图 6-152　　　　　　　　　图 6-153　　　　　　　　　图 6-154

使用菜单命令移动图像：打开一幅图像，使用"椭圆选框"工具绘制出要移动的图像区域，效果如图 6-155 所示。选择"编辑 > 剪切"命令或按 Ctrl+X 组合键，选区被背景色填充，效果如图 6-156 所示。选择"编辑 > 粘贴"命令或按 Ctrl+V 组合键，将选区内的图像粘贴在图像的新图层中，如图 6-157 所示。使用"移动"工具移动新图层中的图像，效果如图 6-158 所示。

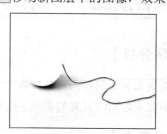

图 6-155　　　　　　　　　　图 6-156

图 6-157　　　　　　　　图 6-158

使用快捷键移动图像：打开一幅图像，使用"椭圆选框"工具绘制出要移动的图像区域，效果如图 6-159 所示。选择"移动"工具，按 Ctrl+方向组合键，可以将选区内的图像沿移动方向移动 1 像素，效果如图 6-160 所示；按 Shift+方向组合键，可以将选区内的图像沿移动方向移动 10 像素，效果如图 6-161 所示。

图 6-159　　　　　　　图 6-160　　　　　　　图 6-161

6.3.5 【实战演练】制作购物广告

使用魔棒工具和色相/饱和度命令修改字母和礼物的颜色，使用图层的混合模式调整光。最终效果参看光盘中的"Ch06 > 效果 > 制作购物广告"，如图 6-162 所示。

图 6-162

6.4　综合演练——制作汽车广告

6.4.1 【案例分析】

本案例是为某汽车公司制作的汽车广告。汽车作为一种现代交通工具，与人们的日常生活息息相关，在设计中要求以简洁直观的表现手法体现产品的技术与特色。

6.4.2 【设计理念】

在设计制作过程中，深蓝色的城市夜景营造出静谧、宁静的氛围，起到衬托的作用，突出前方的宣传主体。银色的汽车在光线的引导下融入画面中，增加了画面的整体感和空间感，同时体现出品质感。白色的文字醒目突出，与下方的介绍图形相呼应，起到均衡画面的效果。整个设计简洁直观。

6.4.3 【知识要点】

使用钢笔工具、图层蒙版、渐变工具和图层混合模式制作装饰渐变，使用直线工具绘制网状装饰线条，使用动感模糊、图层蒙版和画笔工具制作建筑物投影，使用画笔工具绘制星星，使用椭圆工具、图层样式和剪帖蒙版制作功能介绍图片,使用横排文字工具添加文字。最终效果参看光盘中的"Ch06 > 效果 > 制作汽车广告",如图 6-163 所示。

图 6-163

6.5 综合演练——制作液晶电视广告

6.5.1 【案例分析】

随着人们生活水平的不断提高,轻薄便捷的液晶电视已走进越来越多的家庭。本案例是为某电器公司制作的液晶电视宣传广告,要求能够体现出产品的主要特点和功能特色。

6.5.2 【设计理念】

在设计制作过程中,使用坚硬的线条和拐角将画面分割,给人安全放心的印象,同时体现出品质感。上方的宣传文字与产品在黄色背景的衬托下能瞬间抓住人们的视线,达到宣传的目的。下方的功能介绍条理清晰,让人一目了然。黄色与蓝色的对比加强了画面的空间感,同时突出广告宣传的主体。

6.5.3 【知识要点】

使用钢笔工具绘制蓝色区隔,使用圆角矩形工具和图层样式命令绘制圆角矩形框,使用图层蒙版和渐变工具制作投影效果,使用横排文字工具添加介绍文字。最终效果参看光盘中的"Ch06 > 效果 > 制作液晶电视广告",如图 6-164 所示。

图 6-164

第7章 包装设计

包装代表着一个商品的品牌形象，好的包装设计可以让商品在同类产品中脱颖而出，吸引消费者的注意力并引发其购买行为，也可以起到美化商品及传达商品信息的作用，更可以极大地提高商品的价值。本章以制作多个类别的商品包装为例，介绍包装的设计方法和制作技巧。

 课堂学习目标

- 掌握包装的设计定位和设计思路
- 掌握包装的制作方法和技巧

7.1 制作五谷杂粮包装

7.1.1 【案例分析】

人们每天都在与五谷杂粮打交道，不仅为了裹腹，还可吸收其中的营养成分来维持身体运作，更重要的是起到调节健康的作用。本案例是为某公司设计制作的产品包装，要求体现出产品健康、养生、保健的特性。

7.1.2 【设计理念】

在设计制作过程中，具有传统特色的背景在突出公司文化氛围的同时，起到衬托的作用。暗红色的包装带给人成熟、健康的感觉，突出宣传的主题。丰富的杂粮图片在展示产品主体的同时，起到丰富画面的效果。极具特色的文字设计与主题相呼应，让人印象深刻。最终效果参看光盘中的"Ch07 > 效果 > 制作五谷杂粮包装"，如图 7-1 所示。

图 7-1

7.1.3 【操作步骤】

1. 制作包装背景效果

步骤 1 按 Ctrl+N 组合键，新建一个文件，其宽度为 40.9cm，高度为 21.7cm，分辨率为 300 像素/英寸，颜色模式为 RGB，背景内容为白色，单击"确定"按钮。选择"视图 > 新建参考线"命令，弹出"新建参考线"对话框，选项的设置如图 7-2 所示。单击"确定"按钮，效果如图 7-3 所示。用相同的方法，在 17.7cm、21.1cm、37.8cm 处分别新建垂直参考线，效果如图 7-4 所示。

图 7-2

图 7-3

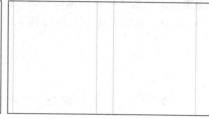
图 7-4

步骤 2 选择"视图 > 新建参考线"命令，弹出"新建参考线"对话框，选项的设置如图 7-5 所示。单击"确定"按钮，效果如图 7-6 所示。用相同的方法，在 5.3cm、16.2cm、20.4cm 处分别新建水平参考线，效果如图 7-7 所示。

图 7-5

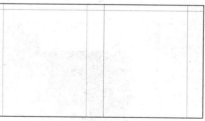
图 7-6

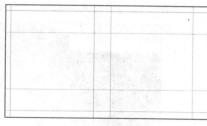
图 7-7

步骤 3 将前景色设为暗红色（其 R、G、B 的值分别为 111、45、27）。新建图层并将其命名为"底图"。选择"钢笔"工具，将属性栏中的"选择工具模式"选项设为"路径"，拖曳鼠标绘制一个闭合路径，如图 7-8 所示。按 Ctrl+Enter 组合键，将路径转换为选区。按 Alt+Delete 组合键，用前景色填充选区，效果如图 7-9 所示。

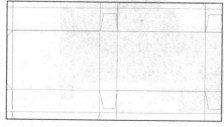
图 7-8

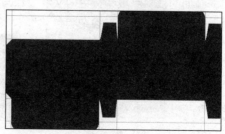
图 7-9

步骤 4 新建图层并将其命名为"高光"。将前景色设为浅黄色（其 R、G、B 的值分别为 244、217、119）。按 Alt+Delete 组合键，用前景色填充选区，效果如图 7-10 所示，取消选区。选

边做边学——Photoshop CS6 图像制作案例教程

中等职业教育数字艺术类规划教材

择"多边形套索"工具，绘制多边形选区，如图 7-11 所示。

图 7-10

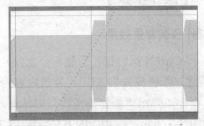
图 7-11

步骤 5 在选区中单击鼠标右键，在弹出的快捷菜单中选择"羽化"命令，弹出"羽化选区"对话框，选项设置如图 7-12 所示。单击"确定"按钮，效果如图 7-13 所示。

图 7-12

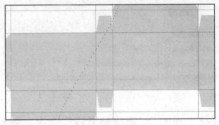
图 7-13

步骤 6 按 Delete 键删除选区中的图像，取消选区，效果如图 7-14 所示。用相同的方法在右下角制作相同的效果，如图 7-15 所示。

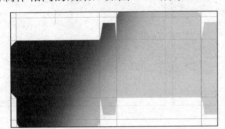
图 7-14

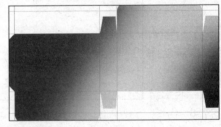
图 7-15

步骤 7 在"图层"控制面板上方将"高光"图层的混合模式选项设为"线性加深"，如图 7-16 所示，图像效果如图 7-17 所示。

图 7-16

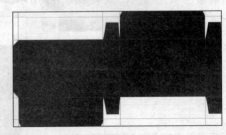
图 7-17

步骤 8 按 Ctrl+O 组合键，打开光盘中的"Ch07 > 素材 > 制作五谷杂粮包装 > 01"文件。选择"移动"工具，将 01 图片拖曳到图像窗口中的适当位置，如图 7-18 所示，在"图层"控制面板中生成新的图层并将其命名为"风景图"。

步骤 ⑨ 单击"图层"控制面板下方的"添加图层蒙版"按钮 🔳，为图层添加蒙版。选择"渐变"工具 🔳，单击属性栏中的"点按可编辑渐变"按钮 ⬛⬜ ▾，弹出"渐变编辑器"对话框，将渐变色设为从黑色到白色，单击"确定"按钮。在风景图上由上向下拖曳渐变色，效果如图 7-19 所示。

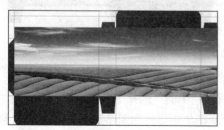
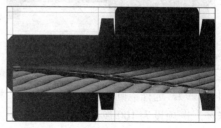

图 7-18　　　　　　　　　　　　图 7-19

步骤 ⑩ 在"图层"控制面板上方将"风景图"图层的混合模式选项设为"叠加"，"不透明度"选项设为 50%，如图 7-20 所示，图像效果如图 7-21 所示。

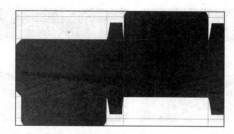

图 7-20　　　　　　　　　　　　图 7-21

2. 制作包装正面和侧面

步骤 ① 按 Ctrl+O 组合键，打开光盘中的"Ch07 > 素材 > 制作五谷杂粮包装 > 02"文件。选择"移动"工具 ▶+，将 02 图片拖曳到图像窗口中的适当位置，如图 7-22 所示，在"图层"控制面板中生成新的图层并将其命名为"杂粮"。

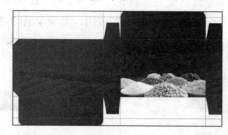

图 7-22

步骤 ② 新建图层并将其命名为"圆形"。将前景色设为深绿色（其 R、G、B 的值分别为 0、55、5）。选择"椭圆"工具 ⬤，将属性栏中的"选择工具模式"选项设为"像素"，在图像窗口中绘制圆形，如图 7-23 所示。

步骤 ③ 按 Ctrl+O 组合键，打开光盘中的"Ch07 > 素材 > 制作五谷杂粮包装 > 03"文件。选择"移动"工具 ▶+，将 03 图片拖曳到图像窗口中的适当位置，如图 7-24 所示，在"图层"控制面板中生成新的图层并将其命名为"图案"。

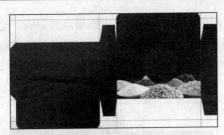
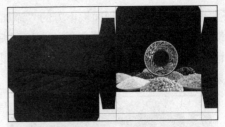

图 7-23   图 7-24

步骤 4 新建图层并将其命名为"图形"。将前景色设为浅黄色（其 R、G、B 的值分别为 255、251、199）。选择"圆角矩形"工具 ，将属性栏中的"选择工具模式"选项设为"像素"，"半径"选项设为 100 像素，在图像窗口中绘制圆角矩形，如图 7-25 所示。选择"椭圆"工具 ，绘制两个椭圆形，如图 7-26 所示。

步骤 5 按 Ctrl+O 组合键，打开光盘中的"Ch07 > 素材 > 制作五谷杂粮包装 > 04"文件。选择"移动"工具 ，将 04 图片拖曳到图像窗口中的适当位置，如图 7-27 所示，在"图层"控制面板中生成新的图层并将其命名为"花纹"。

图 7-25   图 7-26   图 7-27

步骤 6 按 Ctrl+O 组合键，打开光盘中的"Ch07 > 素材 > 制作五谷杂粮包装 > 05"文件。选择"移动"工具 ，将 05 图片拖曳到图像窗口中的适当位置，如图 7-28 所示，在"图层"控制面板中生成新的图层并将其命名为"五谷杂粮"。

步骤 7 单击"图层"控制面板下方的"添加图层样式"按钮 ，在弹出的菜单中选择"描边"命令，弹出对话框，将描边颜色设为橘黄色（其 R、G、B 的值分别为 236、193、30），其他选项的设置如图 7-29 所示。单击"确定"按钮，效果如图 7-30 所示。

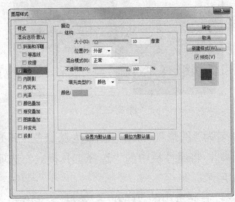

图 7-28   图 7-29   图 7-30

步骤 8 按 Ctrl+O 组合键，打开光盘中的"Ch07 > 素材 > 制作五谷杂粮包装 > 06"文件。选择"移动"工具 ，将 06 图片拖曳到图像窗口中的适当位置，如图 7-31 所示，在"图层"

控制面板中生成新的图层并将其命名为"生产许可"。

步骤 9 将前景色设为浅黄色（其 R、G、B 的值分别为 111、45、47）。选择"横排文字"工具 T，在属性栏中选择合适的字体并设置适当的文字大小，输入需要的文字，如图 7-32 所示，在"图层"控制面板中生成新的文字图层。

图 7-31   图 7-32

步骤 10 单击"图层"控制面板下方的"添加图层样式"按钮 fx，在弹出的菜单中选择"描边"命令，弹出对话框，将描边颜色设为浅黄色（其 R、G、B 的值分别为 255、251、199），其他选项的设置如图 7-33 所示。单击"确定"按钮，效果如图 7-34 所示。

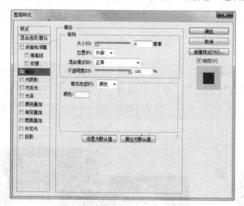
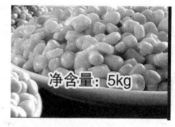

图 7-33   图 7-34

步骤 11 在"图层"控制面板中，按住 Shift 键的同时，单击"杂粮"图层，将两个图层之间的所有图层同时选取，按 Ctrl+G 组合键，群组图层并命名为"正面"。

步骤 12 将"正面"图层组拖曳到控制面板下方的"创建新图层"按钮 上进行复制，生成新的副本图层。选择"移动"工具，按住 Shift 键的同时，在图像窗口中将副本图形拖曳到适当的位置，如图 7-35 所示。

步骤 13 用相同的方法复制需要的图形，并分别将其拖曳到适当的位置，将下方的图形垂直并水平翻转，如图 7-36 所示。

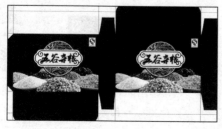

图 7-35   图 7-36

步骤 14 再次使用相同的方法复制需要的图形，并将其拖曳到适当的位置，如图 7-37 所示。将前景色设为浅黄色（其 R、G、B 的值分别为 249、229、148）。选择"横排文字"工具 T.，在属性栏中选择合适的字体并设置适当的文字大小，在图像窗口中拖曳文本框，输入需要的文字，如图 7-38 所示。再次复制图形和文字到需要的位置，效果如图 7-39 所示。

图 7-37　　　　　　　图 7-38　　　　　　　　　　图 7-39

步骤 15 按 Ctrl+; 组合键，将参考线隐藏。在"图层"控制面板中，单击"背景"图层左侧的眼睛图标 👁，将"背景"图层隐藏。按 Ctrl+Shift+S 组合键，弹出"存储为"对话框，将制作好的图像命名为"五谷杂粮包装平面图"，保存为 PNG 格式，单击"保存"按钮，弹出"PNG 选项"对话框，单击"确定"按钮将图像保存。

3. 制作包装立体效果

步骤 1 按 Ctrl+O 组合键，打开光盘中的"Ch07 > 素材 > 制作五谷杂粮包装 > 07"文件，如图 7-40 所示。按 Ctrl+O 组合键，打开光盘中的"Ch07 > 效果 > 制作五谷杂粮包装 > 五谷杂粮包装平面图"文件。选择"矩形选框"工具 ▭，在图像窗口中绘制出需要的选区，如图 7-41 所示。

图 7-40　　　　　　　　　　　　　　图 7-41

步骤 2 选择"移动"工具 ▸+，将选区中的图像拖曳到 07 图像窗口中，如图 7-42 所示。在"图层"控制面板中生成新的图层并将其命名为"正面"。按 Ctrl+T 组合键，图像周围出现控制手柄，拖曳控制手柄改变图像的大小，如图 7-43 所示。

图 7-42　　　　　　　　　　　　　　图 7-43

步骤 3 按住 Ctrl+Shift 组合键的同时，拖曳右上角的控制手柄到适当的位置，如图 7-44 所示，再拖曳右下角的控制手柄到适当的位置，按 Enter 键确认操作，效果如图 7-45 所示。

图 7-44

图 7-45

步骤 4 选择"矩形选框"工具 ⬚，在"五谷杂粮包装平面图"的侧面拖曳鼠标绘制一个矩形选区，如图 7-46 所示。选择"移动"工具 ⛶，将选区中的图像拖曳到新建的图像窗口中，在"图层"控制面板中生成新的图层并将其命名为"侧面"。按 Ctrl+T 组合键，图像周围出现控制手柄，拖曳控制手柄来改变图像的大小，如图 7-47 所示。

图 7-46

图 7-47

步骤 5 按住 Ctrl 键的同时，拖曳左上角的控制手柄到适当的位置，如图 7-48 所示，再拖曳左下角的控制手柄到适当的位置，按 Enter 键确认操作，效果如图 7-49 所示。

图 7-48

图 7-49

步骤 6 选择"矩形选框"工具 ⬚，在"五谷杂粮包装平面图"的顶面绘制一个矩形选区，如图 7-50 所示。选择"移动"工具 ⛶，将选区中的图像拖曳到新建的图像窗口中，在"图层"控制面板中生成新的图层并将其命名为"顶面"。按 Ctrl+T 组合键，图像周围出现控制手柄，拖曳控制手柄改变图像的大小，如图 7-51 所示。

图 7-50

图 7-51

中等职业教育数字艺术类规划教材

步骤 7 按住 Ctrl 键的同时，拖曳左上角的控制手柄到适当的位置，如图 7-52 所示，再拖曳其他控制手柄到适当的位置，按 Enter 键确认操作，效果如图 7-53 所示。五谷杂粮包装效果制作完成。

图 7-52

图 7-53

7.1.4 【相关工具】

渲染滤镜可以在图片中产生照明的效果、不同的光源效果和夜景效果。渲染滤镜的子菜单如图 7-54 所示。原图像及应用渲染滤镜组制作的图像效果如图 7-55 所示。

图 7-54

原图

分层云彩

光照效果

镜头光晕

纤维

云彩

图 7-55

7.1.5 【实战演练】制作 CD 唱片包装

使用圆角矩形工具、钢笔工具、图层样式命令和不透明度命令制作形状，使用横排文字工具和剪贴蒙版制作唱片文字，使用形状工具和剪贴蒙版组合图片制作盘面效果。最终效果参看光盘中的"Ch07 > 效果 > 制作 CD 唱片包装"，如图 7-56 所示。

图 7-56

7.2　制作旅游杂志封面

7.2.1　【案例分析】

游走天下杂志是面向全国发行的专业旅游杂志，主要介绍最时尚的资讯信息、最实用的旅行计划、最迷人的风景等，兼具时尚生活和旅游休闲。本案例是为杂志设计制作的封面，在设计上要层次分明、主题突出，能引发人们的共鸣。

7.2.2　【设计理念】

在设计制作过程中，具有震撼感的背景图片能瞬间抓住人们的视线，引发人们阅读的欲望，且能直观地反映出书籍内容。书籍名称和其他介绍性文字的添加，醒目直观，突出表达书籍的主题。整个封面以亮暗色的对比形成具有冲击力的画面，让人印象深刻。最终效果参看光盘中的"Ch07 > 效果 > 制作旅游杂志封面"，如图 7-57 所示。

图 7-57

7.2.3　【操作步骤】

1.　制作封面背景

步骤 ❶　按 Ctrl+N 组合键，新建一个文件其宽度为 33.8cm，高度为 23.9cm，分辨率为 300 像素/英寸，颜色模式为 RGB，背景内容为白色，单击"确定"按钮，新建一个文件。将前景色设为黑色，按 Alt+Delete 组合键，用前景色填充"背景"图层。

步骤 ❷　选择"视图 > 新建参考线"命令，弹出"新建参考线"对话框，设置如图 7-58 所示。单击"确定"按钮，效果如图 7-59 所示。用相同的方法，在 17.4cm 处新建一条垂直参考线，效果如图 7-60 所示。

图 7-58

图 7-59

图 7-60

步骤 ❸　按 Ctrl+O 组合键，打开光盘中的"Ch07 > 素材 > 制作旅游杂志封面 > 01"文件。选择"移动"工具 ，将图片拖曳到图像窗口中的适当位置，如图 7-61 所示，在"图层"控制面板中生成新的图层并将其命名为"图片"。

步骤 ❹　单击"图层"控制面板下方的"添加图层蒙版"按钮 ，为图层添加蒙版，如图 7-62 所示。选择"渐变"工具 ，单击属性栏中的"点按可编辑渐变"按钮 ，弹出"渐变编辑器"对话框，将渐变色设为从黑色到白色，单击"确定"按钮。在图片上由上向下拖曳渐变色，效果如图 7-63 所示。

图 7-61

图 7-62

图 7-63

步骤 5 将"图片"图层拖曳到控制面板下方的"创建新图层"按钮 上进行复制，生成"图片副本"图层。选择"移动"工具，将其拖曳到适当的位置并水平翻转图像，效果如图 7-64 所示。

步骤 6 单击"图层"控制面板下方的"创建新的填充或调整图层"按钮 ，在弹出的菜单中选择"亮度/对比度"命令，弹出面板，同时生成"亮度/对比度 1"图层，面板中的设置如图 7-65 所示，图像效果如图 7-66 所示。

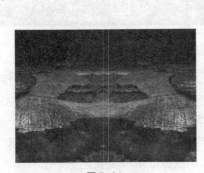

图 7-64

图 7-65

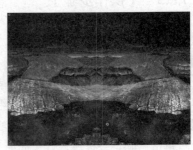
图 7-66

2. 添加书名和栏目

步骤 1 将前景色设为红色（其 R、G、B 的值分别为 232、75、22）。选择"横排文字"工具 ，在适当的位置分别输入需要的文字并选取文字，在属性栏中选择合适的字体并设置文字大小。选取上方的文字，按 Alt+向右方向键，适当调整文字间距，效果如图 7-67 所示，在"图层"控制面板中分别生成新的文字图层。

图 7-67

步骤 2 选择"直线"工具 ，将属性栏中的"选择工具模式"选项设为"形状"，"填充"颜色设为白色，"粗细"选项设为 1 像素，按住 Shift 键的同时，在图像窗口中绘制直线，如图 7-68 所示。按 Ctrl+Alt+T 组合键，按向下方向键，垂直向下复制直线，按 Enter 键确认操作，如图 7-69 所示。

图 7-68

图 7-69

步骤 [3] 选择"多边形"工具 ⬤，将属性栏中的"选择工具模式"选项设为"形状"，"填充"颜色设为红色（其 R、G、B 的值分别为 232、75、22），"边"设为 5，单击 ⚙ 按钮，在弹出的面板中进行设置，如图 7-70 所示。在图像窗口中绘制五角形，如图 7-71 所示。

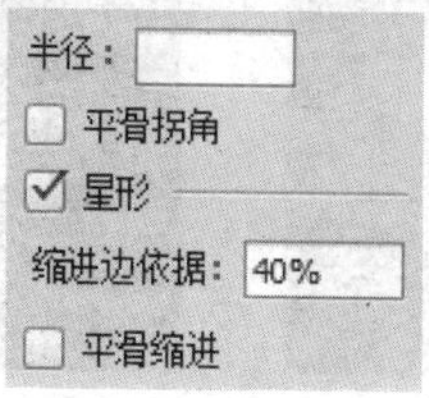

图 7-70

图 7-71

步骤 [4] 按 Ctrl+Alt+T 组合键，按向右方向键，水平向右复制星线，按 Enter 键确认操作，如图 7-72 所示。多次按 Ctrl+Alt+Shift+T 组合键，复制多个星形，如图 7-73 所示。将形状图层拖曳到控制面板下方的"创建新图层"按钮 ⬛ 上进行复制，生成副本图层，选择"移动"工具 ⊹，将其拖曳到适当的位置，效果如图 7-74 所示。

图 7-72

图 7-73

图 7-74

步骤 [5] 选择"椭圆"工具 ⬤，将属性栏中的"选择工具模式"选项设为"形状"，"填充"颜色设为棕黄色（其 R、G、B 的值分别为 197、142、16），在图像窗口中绘制圆形，如图 7-75 所示。

步骤 [6] 选择"横排文字"工具 T，在适当的位置分别输入需要的白色文字并选取文字，在属性栏中选择合适的字体并设置文字大小，效果如图 7-76 所示，在"图层"控制面板中分别生成新的文字图层。

图 7-75

图 7-76

步骤 7 选择"矩形"工具 ▣，将属性栏中的"选择工具模式"选项设为"形状"，"填充"颜色设为红色（其 R、G、B 的值分别为 232、75、22），在图像窗口中绘制矩形，效果如图 7-77 所示。

步骤 8 选择"横排文字"工具 T，在矩形上输入需要的白色文字并选取文字，在属性栏中选择合适的字体并设置文字大小，效果如图 7-78 所示，在"图层"控制面板中生成新的文字图层。用相同的方法绘制图形并输入需要的文字，如图 7-79 所示。

图 7-77　　　　　　　　图 7-78　　　　　　　　图 7-79

步骤 9 选取需要的文字图层。单击"图层"控制面板下方的"添加图层样式"按钮 fx，在弹出的菜单中选择"投影"命令，弹出对话框，选项的设置如图 7-80 所示。单击"确定"按钮，效果如图 7-81 所示。

步骤 10 在文字图层上单击鼠标右键，在弹出的快捷菜单中选择"拷贝图层样式"命令，在需要的图层上单击鼠标右键，在弹出的快捷菜单中选择"粘贴图层样式"命令，效果如图 7-82 所示。

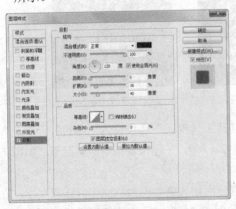

图 7-80

图 7-81

图 7-82

3. 制作封底和书脊

步骤 1 将前景色设为红色（其 R、G、B 的值分别为 232、75、22）。选择"直排文字"工具 IT，在封底上输入需要的文字并选取文字，在属性栏中选择合适的字体并设置文字大小，效果如图 7-83 所示，在"图层"控制面板中生成新的文字图层。

步骤 2 单击"图层"控制面板下方的"添加图层样式"按钮 fx，在弹出的菜单中选择"投影"命令，弹出对话框，将投影颜色设为红色（其 R、G、B 的值分别为 232、75、22），其他选项的设置如图 7-84 所示。单击"确定"按钮，效果如图 7-85 所示。

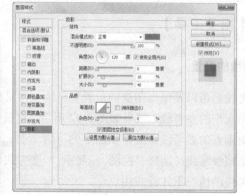

图 7-83   图 7-84   图 7-85

步骤 3 在"图层"控制面板上方，将文字图层的"填充"选项设为 0，如图 7-86 所示，图像效果如图 7-87 所示。

步骤 4 按 Ctrl+O 组合键，打开光盘中的"Ch07＞素材＞制作旅游杂志封面＞02"文件。选择"移动"工具 ，将 02 图片拖曳到图像窗口中的适当位置，如图 7-88 所示，在"图层"控制面板中生成新的图层并将其命名为"条形码"。

图 7-86   图 7-87   图 7-88

步骤 5 选择"矩形"工具 ，将"填充"颜色设为黑色，在图像窗口中绘制矩形，如图 7-89 所示。选择"直排文字"工具 和"横排文字"工具 ，在书脊上分别输入需要的文字并选取文字，在属性栏中选择合适的字体并设置文字大小，效果如图 7-90 所示，在"图层"控制面板中分别生成新的文字图层。

步骤 6 选择"矩形"工具 ，将"填充"颜色设为红色（其 R、G、B 的值分别为 232、75、22），在图像窗口下方绘制矩形，如图 7-91 所示。旅游杂志封面制作完成。

图 7-89   图 7-90   图 7-91

中等职业教育数字艺术类规划教材

7.2.4 【相关工具】

1. 参考线的设置

设置参考线后可以使编辑图像的位置更精确。将鼠标指针放在水平标尺上，按住鼠标左键不放向下拖曳出水平的参考线，效果如图 7-92 所示。将鼠标指针放在垂直标尺上，按住鼠标左键不放向右拖曳出垂直的参考线，效果如图 7-93 所示。

显示或隐藏参考线：选择"视图 > 显示 > 参考线"命令可以显示或隐藏参考线，此命令只有在存在参考线的情况下才能应用。

移动参考线：选择"移动"工具 ，将鼠标指针放在参考线上，鼠标指针变为 形状，按住鼠标左键拖曳即可移动参考线。

锁定、清除、新建参考线：选择"视图 > 锁定参考线"命令或按 Alt +Ctrl+;组合键可以将参考线锁定，参考线锁定后将不能移动。选择"视图 > 清除参考线"命令可以将参考线清除。选择"视图 > 新建参考线"命令，弹出"新建参考线"对话框，如图 7-94 所示，设定完选项后单击"确定"按钮，图像中即可出现新建的参考线。

图 7-92   图 7-93   图 7-94

2. 标尺的设置

设置标尺后可以精确地编辑和处理图像。选择"编辑 > 首选项 > 单位与标尺"命令，弹出相应的对话框，如图 7-95 所示。

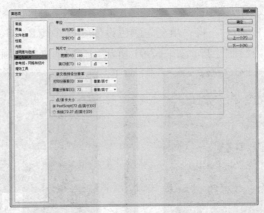

图 7-95

单位：用于设置标尺和文字的显示单位，有不同的显示单位供选择。列尺寸：用列来精确确定图像的尺寸。点/派卡大小：与输出有关。选择"视图 > 标尺"命令，可以显示或隐藏标尺，分别如图 7-96 和图 7-97 所示。

图 7-96

图 7-97

将鼠标光标放在标尺的 x 轴和 y 轴的 0 点处，如图 7-98 所示。单击并按住鼠标左键不放，向右下方拖曳鼠标到适当的位置，如图 7-99 所示。释放鼠标，标尺的 x 轴和 y 轴的 0 点就变为鼠标指针移动后的位置，如图 7-100 所示。

图 7-98

图 7-99

图 7-100

3. 网格线的设置

设置网格线后可以将图像处理得更精准。选择"编辑 > 首选项 > 参考线、网格和切片"命令，弹出相应的对话框，如图 7-101 所示。

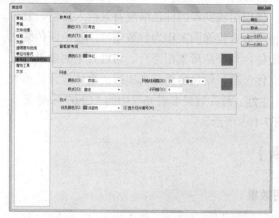
图 7-101

参考线：用于设定参考线的颜色和样式。网格：用于设定网格的颜色、样式、网格线间隔、子网格等。切片：用于设定切片的颜色和显示切片的编号。

选择"视图 > 显示 > 网格"命令可以显示或隐藏网格，分别如图 7-102 和图 7-103 所示。

图 7-102   图 7-103

7.2.5　【实战演练】制作儿童教育书籍封面

使用新建参考线命令添加参考线，使用钢笔工具、描边命令制作背景底图，使用横排文字工具和添加图层样式按钮制作标题文字，使用移动工具添加素材图片，使用自定形状工具绘制装饰图形。最终效果参看光盘中的"Ch07 > 效果 > 制作儿童教育书籍封面"，如图 7-104 所示。

图 7-104

7.3　制作龙茗酒包装

7.3.1　【案例分析】

我国酿酒历史悠久，品种繁多，自产生之日开始，就受到人们欢迎。本案例是为龙茗酒公司设计的酒包装，在设计上要体现出健康生活和淳朴优质的理念。

7.3.2　【设计理念】

在设计制作过程中，使用由浅到深的棕色渐变背景给人自然、复古和淳朴的感觉。包装上使用古典装饰图案作为包装图案，以中国传统文化为出发点，突出品牌定位，与产品形象相符合。通过对平面效果进行变形和投影设置制作出立体包装，使包装更具真实感。整体设计简单大方，颜色质朴自然，紧扣主题。最终效果参看光盘中的"Ch07 > 效果 > 制作龙茗酒包装"，如图 7-105 所示。

图 7-105

7.3.3　【操作步骤】

1.　制作包装平面图效果

步骤 1　按 Ctrl+N 组合键新建一个文件，其宽度为 25cm，高度为 23.8cm，分辨率为 300 像素/厘米，颜色模式为 RGB，背景内容为白色，单击"确定"按钮。

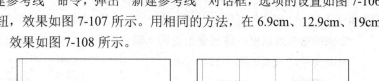

步骤 2 选择"视图 > 新建参考线"命令,弹出"新建参考线"对话框,选项的设置如图 7-106 所示。单击"确定"按钮,效果如图 7-107 所示。用相同的方法,在 6.9cm、12.9cm、19cm 处分别新建垂直参考线,效果如图 7-108 所示。

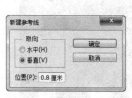

图 7-106   图 7-107   图 7-108

步骤 3 选择"视图 > 新建参考线"命令,弹出"新建参考线"对话框,选项的设置如图 7-109 所示。单击"确定"按钮,效果如图 7-110 所示。用相同的方法,在 6cm、7.2cm、19.4cm 处分别新建水平参考线,效果如图 7-111 所示。

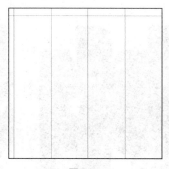
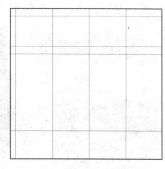

图 7-109   图 7-110   图 7-111

步骤 4 将前景色设为棕色(其 R、G、B 的值分别为 128、80、50)。新建图层并将其命名为"图形"。选择"钢笔"工具 ✐,将属性栏中的"选择工具模式"选项设为"路径",拖曳鼠标绘制一个闭合路径,如图 7-112 所示。按 Ctrl+Enter 组合键,将路径转换为选区。按 Alt+Delete 组合键,用前景色填充背景图层。按 Ctrl+D 组合键取消选区,效果如图 7-113 所示。

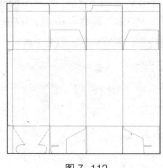

图 7-112   图 7-113

步骤 5 按 Ctrl+O 组合键,打开光盘中的"Ch07 > 素材 > 制作龙茗酒包装 > 01"文件。选择"移动"工具 ⊹,将 01 图片拖曳到图像窗口的适当位置,如图 7-114 所示。在"图层"控制面板中生成新的图层并将其命名为"画"。单击"图层"控制面板下方的"添加图层蒙版"

按钮 ，为"画"图层添加蒙版，如图 7-115 所示。

步骤 6 选择"渐变"工具 ，单击属性栏中的"点按可编辑渐变"按钮 ，弹出"渐变编辑器"对话框，将渐变色设为从黑色到白色，单击"确定"按钮，在图片上从上至下拖曳渐变色，效果如图 7-116 所示。

图 7-114

图 7-115

图 7-116

步骤 7 在"图层"控制面板上方，将"画"图层的"填充"选项设为 28%，如图 7-117 所示，图像效果如图 7-118 所示。选择"移动"工具 ，按住 Alt 键的同时，将图像拖曳到适当的位置，复制图像，效果如图 7-119 所示。

图 7-117

图 7-118

图 7-119

步骤 8 按 Ctrl+O 组合键，打开光盘中的"Ch07 > 素材 > 制作龙茗酒包装 > 02"文件。选择"移动"工具 ，将 02 图片拖曳到图像窗口的适当位置，如图 7-120 所示，在"图层"控制面板中生成新的图层并将其命名为"底图"。

步骤 9 单击"图层"控制面板下方的"添加图层样式"按钮 ，在弹出的菜单中选择"投影"命令，弹出对话框，选项设置如图 7-121 所示。单击"确定"按钮，效果如图 7-122 所示。

图 7-120

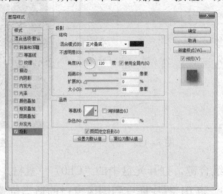
图 7-121

图 7-122

步骤 10 选择"移动"工具，按住 Alt 键的同时，将图像拖曳到适当的位置，复制图像并调整其大小，将其拖曳到所有图层的上方，效果如图 7-123 所示。按 Ctrl+Alt+G 组合键，创建剪贴蒙版，效果如图 7-124 所示。

步骤 11 按 Ctrl+O 组合键，打开光盘中的"Ch07 > 素材 > 制作龙茗酒包装 > 03"文件。选择"移动"工具，将 03 图片拖曳到图像窗口的适当位置，如图 7-125 所示，在"图层"控制面板中生成新的图层并将其命名为"花纹"。

图 7-123　　　　图 7-124　　　　图 7-125

步骤 12 按住 Ctrl 键的同时，单击"花纹"图层的缩览图，在图像周围生成选区，如图 7-126 所示。选择"渐变"工具，单击属性栏中的"点按可编辑渐变"按钮，弹出"渐变编辑器"对话框，在 0、34、67、100 四个位置处设置颜色，分别为土黄色（其 R、G、B 的值分别为 228、214、155）、浅棕色（其 R、G、B 的值分别为 185、155、103）、浅黄色（其 R、G、B 的值分别为 239、228、169）和棕色（其 R、G、B 的值分别为 170、132、72），单击"确定"按钮，如图 7-127 所示。在选区中从上到下拖曳渐变色，取消选区，效果如图 7-128 所示。

 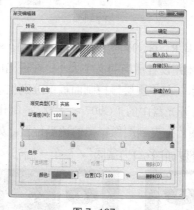 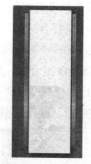

图 7-126　　　　　　图 7-127　　　　　　图 7-128

步骤 13 按 Ctrl+O 组合键，打开光盘中的"Ch07 > 素材 > 制作龙茗酒包装 > 04、05、06"文件。选择"移动"工具，分别将图片拖曳到图像窗口的适当位置，如图 7-129 所示。在"图层"控制面板中生成新的图层并将其命名为"挂轴"、"龙茗酒"和"印章"。

步骤 14 选择"龙茗酒"图层。单击"图层"控制面板下方的"添加图层样式"按钮，在弹出的菜单中选择"斜面和浮雕"命令，弹出对话框，在"光泽等高线"选项弹出的面板中选择需要的等高线，如图 7-130 所示。将高光颜色设为棕色（其 R、G、B 的值分别为 150、109、81），其他选项的设置如图 7-131 所示。单击"确定"按钮，效果如图 7-132 所示。

中等职业教育数字艺术类规划教材

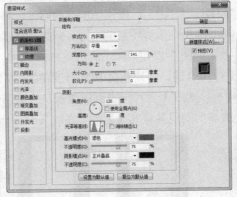

图 7-129　　　　图 7-130　　　　　　　　　图 7-131　　　　　　　图 7-132

步骤 15　新建图层并将其命名为"黑色图形"。选择"矩形"工具 ▣ 和"椭圆"工具 ◉，将属性栏中的"选择工具模式"选项设为"像素"，在图像窗口中绘制黑色图形，效果如图 7-133 所示。

步骤 16　按 Ctrl+O 组合键，打开光盘中的"Ch07＞素材＞制作龙茗酒包装＞07、08"文件。选择"移动"工具 ▸⊕，分别将 07、08 图片拖曳到图像窗口的适当位置，如图 7-134 和图 7-135 所示，在"图层"控制面板中生成新的图层并将其命名为"小标"和"标签"。

图 7-133　　　　　　　图 7-134　　　　　　　图 7-135

步骤 17　将前景色设为红色（其 R、G、B 的值分别为 191、0、8）。选择"横排文字"工具 T，在属性栏中选择合适的字体并设置适当的文字大小，在适当的位置输入需要的文字，并适当调整字距，如图 7-136 所示，在"图层"控制面板中分别生成新的文字图层。

步骤 18　按 Ctrl+O 组合键，打开光盘中的"Ch07＞素材＞制作龙茗酒包装＞09"文件。选择"移动"工具 ▸⊕，将 09 图片拖曳到图像窗口的适当位置，如图 7-137 所示，在"图层"控制面板中生成新的图层并将其命名为"盒底"。

图 7-136　　　　　图 7-137

步骤 19　在"图层"控制面板中，按住 Shift 键的同时，单击"底纹"图层，将两个图层之间的所有图层同时选取，按 Ctrl+G 组合键，新建图层组并将其命名为"盒面"，如图 7-138 所示。选择"移动"工具 ，按住 Alt 键的同时，将其拖曳到适当的位置，复制图像，效果如图 7-139 所示。

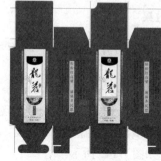

图 7-138   图 7-139

步骤 20 新建图层并将其命名为"形状"。将前景色设为咖啡色（其 R、G、B 的值分别为 167、129、105）。选择"椭圆选框"工具 ，单击属性栏中的"从选区减去"按钮 ，在图像窗口中绘制相减的选区，如图 7-140 所示。按 Alt+Delete 组合键，用前景色填充选区，取消选区，效果如图 7-141 所示。

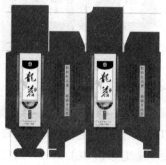

图 7-140   图 7-141

步骤 21 将前景色设为土黄色（其 R、G、B 的值分别为 246、215、148）。选择"横排文字"工具 ，在属性栏中选择合适的字体并设置适当的文字大小，在适当的位置输入需要的文字，如图 7-142 所示，在"图层"控制面板中分别生成新的文字图层。

步骤 22 将文字和形状图层同时选取，选择"移动"工具 ，按住 Alt 键的同时，将其拖曳到适当的位置，复制图像，效果如图 7-143 所示。龙茗酒包装平面图制作完成。

图 7-142   图 7-143

步骤 23 按 Ctrl+; 组合键，将参考线隐藏。在"图层"控制面板中，单击"背景"图层左侧的

眼睛图标 👁，将"背景"图层隐藏。按 Ctrl+Shift+S 组合键，弹出"存储为"对话框，将制作好的图像命名为"龙茗酒包装平面图"，保存为 PNG 格式，单击"保存"按钮，弹出"PNG选项"对话框，单击"确定"按钮将图像保存。

2. 制作包装立体效果

步骤 1 按 Ctrl+O 组合键，打开光盘中的"Ch07 > 素材 > 制作龙茗酒包装 > 10"文件，图像效果如图 7-144 所示。

步骤 2 按 Ctrl+O 组合键，打开光盘中的"Ch07 > 效果 > 制作龙茗酒包装 > 龙茗酒包装平面图"文件，按 Ctrl+R 组合键，图像窗口中出现标尺。选择"移动"工具 ▶+，从图像窗口的水平标尺和垂直标尺中拖曳出需要的参考线。选择"矩形选框"工具 ▥，在图像窗口中绘制出需要的选区，如图 7-145 所示。

图 7-144 图 7-145

步骤 3 选择"移动"工具 ▶+，将选区中的图像拖曳到新建文件窗口中适当的位置，在"图层"控制面板中生成新的图层并将其命名为"正面"。按 Ctrl+T 组合键，图像周围出现控制手柄，拖曳控制手柄来改变图像的大小，如图 7-146 所示。按住 Ctrl 键的同时，向上拖曳右侧中间的控制手柄到适当的位置，如图 7-147 所示。按住 Ctrl 键的同时，拖曳右下角的控制手柄到适当的位置，按 Enter 键确认操作，效果如图 7-148 所示。

图 7-146 图 7-147 图 7-148

步骤 4 选择"矩形选框"工具 ▥，在"龙茗酒包装平面图"的背面拖曳一个矩形选区，如图 7-149 所示。选择"移动"工具 ▶+，将选区中的图像拖曳到新建文件窗口中适当的位置，在"图层"控制面板中生成新的图层并将其命名为"侧面"。按 Ctrl+T 组合键，图像周围出现控制手柄，拖曳控制手柄来改变图像的大小，如图 7-150 所示。按住 Ctrl 键的同时，分别拖曳右上角和右下角的控制手柄到适当的位置，按 Enter 键确认操作，效果如图 7-151 所示。

图 7-149　　　　　　　　图 7-150　　　　　　　　图 7-151

步骤 5　按 Ctrl+M 组合键，弹出"曲线"对话框，在曲线上单击添加节点并拖曳到适当的位置，如图 7-152 所示。单击"确定"按钮，效果如图 7-153 所示。

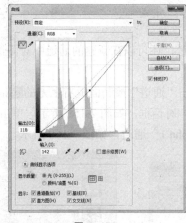

图 7-152　　　　　　　　　　　　图 7-153

步骤 6　将"正面"图层拖曳到控制面板下方的"创建新图层"按钮 上进行复制，生成新的图层"正面 副本"。选择"移动"工具 ，将副本图像拖曳到适当的位置，如图 7-154 所示。按 Ctrl+T 组合键，图像周围出现控制手柄，单击鼠标右键，在弹出的快捷菜单中选择"垂直翻转"命令，垂直翻转图像并将其拖曳到适当的位置，按住 Ctrl 键的同时，拖曳右侧中间的控制手柄到适当的位置，按 Enter 键确认操作，效果如图 7-155 所示。

图 7-154　　　　　　　　图 7-155

步骤 7　将"正面副本"图层拖曳到"正面"图层的下方，在控制面板上方将该图层的"填充"选项设为 32%，如图 7-156 所示，图像效果如图 7-157 所示。用相同的方法制作出侧面图像的投影效果，效果如图 7-158 所示。龙茗酒包装立体效果制作完成。

图 7-156　　　　　　图 7-157　　　　　　图 7-158

7.3.4 【相关工具】

1. 创建新通道

在编辑图像的过程中，可以建立新的通道，还可以在新建的通道中对图像进行编辑。新建通道有以下两种方法。

使用"通道"控制面板弹出式菜单：单击"通道"控制面板右上方的 图标，在弹出式菜单中选择"新建通道"命令，弹出"新建通道"对话框，如图 7-159 所示。单击"确定"按钮，"通道"控制面板中会建好一个新通道，即"Alpha 1"通道，如图 7-160 所示。

图 7-159　　　　　　　　　　图 7-160

"名称"选项用于设定当前通道的名称；"色彩指示"选项组用于选择两种区域方式。"颜色"选项可以设定新通道的颜色；"不透明度"选项用于设定当前通道的不透明度。

使用"通道"控制面板按钮：单击"通道"控制面板中的"创建新通道"按钮 ，即可创建一个新通道。

2. 复制通道

复制通道命令用于将现有的通道进行复制，产生多个相同属性的通道。复制通道有以下两种方法。

使用"通道"控制面板弹出式菜单：单击"通道"控制面板右上方的 图标，在弹出式菜单中选择"复制通道"命令，弹出"复制通道"对话框，如图 7-161 所示。

"为"选项用于设定复制通道的名称。"文档"选项用于设定复制通道的文件来源。

使用"通道"控制面板按钮：将"通道"控制面板中

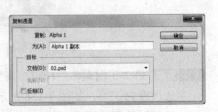

图 7-161

需要复制的通道拖放到下方的"创建新通道"按钮  上,就可以将所选的通道复制为一个新通道。

3. 删除通道

不用的或废弃的通道可以将其删除,以免影响操作。

删除通道有以下两种方法。

使用"通道"控制面板弹出式菜单:单击"通道"控制面板右上方的 图标,在弹出式菜单中选择"删除通道"命令,即可将通道删除。

使用"通道"控制面板按钮:单击"通道"控制面板中的"删除当前通道"按钮 ,弹出"删除通道"提示框,如图 7-162 所示,单击"是"按钮,将通道删除。也可将需要删除的通道拖放到"删除当前通道"按钮 上,也可以将其删除。

图 7-162

4. 通道选项

通道选项命令用于设定 Alpha 通道。单击"通道"控制面板右上方的 图标,在弹出式菜单中选择"通道选项"命令,弹出"通道选项"对话框,如图 7-163所示。

"名称"选项用于命名通道名称。"色彩指示"选项组用于设定通道中蒙版的显示方式:"被蒙版区域"选项表示蒙版区为深色显示、非蒙版区为透明显示;"所选区域"选项表示蒙版区为透明显示、非蒙版区为深色显示;"专色"选项表示以专色显示。"颜色"选项用于设定填充蒙版的颜色。"不透明度"选项用于设定蒙版的不透明度。

图 7-163

7.3.5 【实战演练】制作土豆片软包装

使用椭圆工具和横排文字工具添加产品相关信息,使用钢笔工具和图层样式命令制作包装袋底图,使用画笔工具和套索工具绘制阴影和高光。最终效果参看光盘中的"Ch07 > 效果 > 制作土豆片软包装",如图 7-164 所示。

图 7-164

7.4 综合演练——制作红酒包装

7.4.1 【案例分析】

随着人们生活水平的提高和生活品质的逐渐完善,人们的消费观念有了很大的改变,加上中国传统上有饮酒的习惯,葡萄酒又适合于消费市场,使葡萄酒逐渐成为人们首选酒种。本案例是为某酒品公司制作的红酒包装,设计要求与包装产品契合,抓住产品特色。

7.4.2 【设计理念】

在设计制作过程中,优美的田园风景揭示出产品自然、纯正的特点,带给人感官上的享受。酒杯的剪影与丝绸相结合,体现出产品香醇的口感和优雅的品质。包装以暗色为主,突显出酒的质感和档次,浅色的标签醒目突出,达到了宣传的目的。包装整体内容丰富,设计与产品相符。

7.4.3 【知识要点】

使用图层蒙版和图层样式制作酒桶、酒杯和葡萄，使用图层样式命令制作宣传文字，使用钢笔工具绘制酒瓶形状，使用画笔工具添加高光和阴影。最终效果参看光盘中的"Ch07 > 效果 > 制作红酒包装"，如图 7-165 所示。

图 7-165

7.5 综合演练——制作充电宝包装

7.5.1 【案例分析】

充电宝是指可以直接给移动设备充电且自身具有储电单元的装置。本案例是为某公司制作的充电宝的包装设计，设计要求体现充电宝时尚、便捷的特性。

7.5.2 【设计理念】

在设计制作过程中，绿色为主的包装设计给人青春和活力的印象，起到衬托的作用。丰富的产品展示突出时尚和现代感，同时体现出便捷的特性。黄色的文字清晰醒目、主次分明，让人一目了然，达到宣传的目的。

7.5.3 【知识要点】

使用新建参考线命令添加参考线，使用渐变工具添加包装主体色，使用横排文字工具添加宣传文字，使用图层蒙版制作文字特殊效果。最终效果参看光盘中的"Ch07 > 效果 > 制作充电宝包装"，如图 7-166 所示。

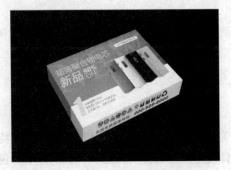

图 7-166

第8章 网页设计

一个优秀的网站必定有着独具特色的网页设计，漂亮的网页页面能够吸引浏览者的注意力。设计网页时要根据网络的特殊性对页面进行精心的设计和编排。本章以制作多个类型的网页为例，介绍网页的设计方法和制作技巧。

 课堂学习目标 ————————————————————

- 掌握网页的设计思路和表现手法
- 掌握网页的制作方法和技巧

8.1 制作旅游网页

8.1.1 【案例分析】

本案例是为某旅游公司制作的宣传网页，网页主要服务的受众是喜欢旅游的人士。网页在设计风格上要突出重点、简洁直观、易于浏览。

8.1.2 【设计理念】

在设计制作过程中，使用白色作为背景烘托出网页的现代和时尚感。将导航栏置于网页的上方，简洁直观、便于操作。使用不同的图片构成不同的网页区域，使读者易于浏览。整体设计美观大方、具有较强的吸引力。最终效果参看光盘中的"Ch08 > 效果 > 制作旅游网页"，如图 8-1 所示。

图 8–1

8.1.3 【操作步骤】

1. 制作网页首部

步骤 ① 按 Ctrl+N 组合键，新建一个文件，其宽度为 10.2cm，高度为 10.7cm，分辨率为 300 像素/英寸，颜色模式为 RGB，背景内容为白色，单击"确定"按钮。

步骤 ② 按 Ctrl+O 组合键，打开光盘中的"Ch08 > 素材 > 制作旅游网页 > 01"文件，选择"移动"工具 ，将 01 图片拖曳到图像窗口的适当位置，如图 8-2 所示，在"图层"控制面板中生成新图层并将其命名为"底图"。选择"滤镜 > 模糊 > 高斯模糊"命令，在弹出的对话框中进行设置，如图 8-3 所示。单击"确定"按钮，效果如图 8-4 所示。

图 8-2   图 8-3   图 8-4

步骤 3 单击"图层"控制面板下方的"创建新的填充或调整图层"按钮 ，在弹出的菜单中选择"色阶"命令，弹出面板，同时生成"色阶 1"对话框，面板的设置如图 8-5 所示，效果如图 8-6 所示。

步骤 4 单击"图层"控制面板下方的"创建新的填充或调整图层"按钮 ，在弹出的菜单中选择"色彩平衡"命令，弹出面板，同时生成"色彩平衡 1"对话框，面板的设置如图 8-7 所示，效果如图 8-8 所示。

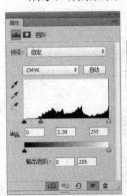

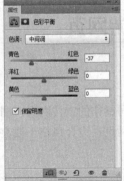

图 8-5   图 8-6   图 8-7   图 8-8

步骤 5 新建图层并将其命名为"光晕 01"。选择"椭圆选框"工具 ，在属性栏中将"羽化"选项设为 5 像素，按住 Shift 键的同时，在图像窗口中绘制圆形选区，填充为白色并取消选区，效果如图 8-9 所示。在"图层"控制面板上方，将该图层的"填充"选项设为 53%，图像效果如图 8-10 所示。用相同的方法绘制另一个圆形，如图 8-11 所示。

图 8-9   图 8-10   图 8-11

步骤 6 选择"横排文字"工具 T，在属性栏中选择合适的字体并设置适当的文字大小，输入需要的白色文字，如图 8-12 所示。在"图层"控制面板中生成新的文字图层。

步骤 7 单击"图层"控制面板下方的"添加图层样式"按钮 fx，在弹出的菜单中选择"投影"命令，弹出对话框，选项的设置如图 8-13 所示。单击"确定"按钮，效果如图 8-14 所示。

图 8-12

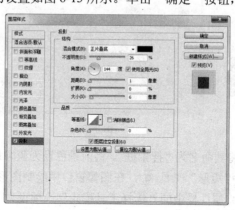
图 8-13

图 8-14

步骤 8 新建图层并将其命名为"色块"。将前景色设为绿色（其 R、G、B 的值分别为 25、174、194）。选择"矩形"工具 ■，将属性栏中的"选择工具模式"选项设为"像素"，在图像窗口中绘制图形，如图 8-15 所示。

步骤 9 选择"横排文字"工具 T，在属性栏中选择合适的字体并设置适当的文字大小，分别输入需要的白色和绿色文字，如图 8-16 所示，在"图层"控制面板中分别生成新的文字图层。

图 8-15

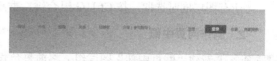
图 8-16

步骤 10 选择"直线"工具 /，将属性栏中的"选择工具模式"选项设为"形状"，"粗细"选项设为 1 像素，在图像窗口中绘制形状，如图 8-17 所示。按 Ctrl+Alt+T 组合键，按向右方向键，水平向右复制直线，按 Enter 键确认操作。多次按 Ctrl+Alt+Shift+T 组合键，复制多条直线，如图 8-18 所示。

图 8-17

图 8-18

步骤 11 新建图层并将其命名为"搜索框"。选择"矩形"工具 ■，在图像窗口中绘制白色图形，如图 8-19 所示。单击"图层"控制面板下方的"添加图层样式"按钮 fx，在弹出的菜单中选择"描边"命令，弹出对话框，将描边颜色设为蓝绿色（其 R、G、B 的值分别为 132、205、221），其他选项的设置如图 8-20 所示。单击"确定"按钮，效果如图 8-21 所示。

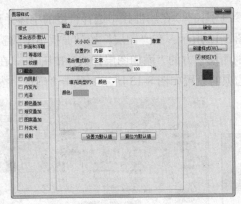

图 8-19   图 8-20   图 8-21

步骤 12 新建图层并将其命名为"搜索框"。将前景色设为蓝绿色（其 R、G、B 的值分别为 132、205、221）。选择"矩形"工具 ▣，在图像窗口中绘制图形，如图 8-33 所示。选择"自定形状"工具 ⛯，将属性栏中的"选择工具模式"选项设为"形状"，单击"形状"选项右侧的按钮，在弹出的面板中单击右上方的 ⚙ 按钮，在弹出的菜单中选择"全部"命令，弹出提示框，单击"确定"按钮。在面板中选择需要的形状，如图 8-23 所示，在图像窗口中绘制白色形状，如图 8-24 所示。

图 8-22   图 8-23   图 8-24

步骤 13 在"图层"控制面板中，按住 Shift 键的同时，单击"底图"图层，将两个图层之间的所有图层同时选取，按 Ctrl+G 组合键，群组图层并将其命名为"网页首部"。

2. 制作网页中部

步骤 1 新建"网页中部"图层组。将前景色设为灰色（其 R、G、B 的值分别为 89、89、89）。选择"自定形状"工具 ⛯，在属性栏中单击"形状"选项右侧的按钮，在弹出的面板中选择需要的形状，如图 8-25 所示。在图像窗口中绘制形状，如图 8-26 所示。

步骤 2 选择"横排文字"工具 T，在属性栏中选择合适的字体并设置适当的文字大小，输入需要的文字，如图 8-27 所示，在"图层"控制面板中生成新的文字图层。

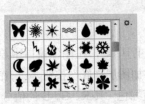

图 8-25   图 8-26   图 8-27

步骤 3 将前景色设为蓝绿色（其 R、G、B 的值分别为 75、171、184）。选择"矩形"工具□，将属性栏中的"选择工具模式"选项设为"形状"，在图像窗口中绘制图形，如图 8-28 所示。

步骤 4 按 Ctrl+O 组合键，打开光盘中的"Ch08 > 素材 > 制作旅游网页 > 02"文件。选择"移动"工具，将 02 图片拖曳到图像窗口的适当位置，并调整其大小，如图 8-29 所示。在"图层"控制面板中生成新图层并将其命名为"图片"。按 Ctrl+Alt+G 组合键，为该图层创建剪贴蒙版，效果如图 8-30 所示。

图 8-28　　　　　　　图 8-29　　　　　　　图 8-30

步骤 5 将前景色设为黑色。选择"矩形"工具□，在图像窗口中绘制图形，如图 8-31 所示。在"图层"控制面板上方，将该图层的"不透明度"选项设为 60%，如图 8-32 所示，图像效果如图 8-33 所示。按 Ctrl+Alt+G 组合键，为该图层创建剪贴蒙版，效果如图 8-34 所示。

图 8-31　　　　　　　图 8-32　　　　　　　图 8-33　　　　　　　图 8-34

步骤 6 选择"横排文字"工具T，在属性栏中选择合适的字体并设置适当的文字大小，输入需要的白色文字，如图 8-35 所示，在"图层"控制面板中生成新的文字图层。

步骤 7 在"图层"控制面板中，按住 Shift 键的同时，单击"形状 1"图层，将两个图层之间的所有图层同时选取，按 Ctrl+G 组合键，将其编组并命名为"方块"，如图 8-36 所示。

图 8-35　　　　　　　图 8-36

步骤 8 选择"移动"工具，按住 Alt 键的同时，将群组图形拖曳到适当的位置，效果如图

8-37 所示。选择"图片 01 副本"图层。按 Ctrl+O 组合键，打开光盘中的"Ch08 > 素材 > 制作旅游网页 > 03"文件。选择"移动"工具 ，将 03 图片拖曳到图像窗口的适当位置，并调整其大小，如图 8-38 所示，在"图层"控制面板中生成新图层并将其命名为"图片 02"。

图 8-37　　　　　　　　　　　　　　　　　图 8-38

步骤 9 选择"横排文字"工具 ，分别选取需要的文字进行修改，如图 8-39 所示。用相同的方法制作出其他图片效果，如图 8-40 所示。

图 8-39　　　　　　　　　　　　　　　　　图 8-40

3. 制作网页底部

步骤 1 新建"网页底部"图层组。选择"直线"工具 ，将属性栏中的"选择工具模式"选项设为"形状"，"填充"颜色设为灰色（其 R、G、B 的值分别为 89、89、89），"粗细"选项设为 1 像素，按住 Shift 键的同时，在图像窗口中绘制直线，如图 8-41 所示。按 Ctrl+Alt+T 组合键，按向下方向键，垂直向下复制直线，按 Enter 键确认操作，如图 8-42 所示。

步骤 2 新建图层并将其命名为"颜色条"。将前景色设为蓝绿色（其 R、G、B 的值分别为 75、171、184）。选择"矩形"工具 ，将属性栏中的"选择工具模式"选项设为"像素"，在图像窗口中绘制图形，如图 8-43 所示。

图 8-41　　　　　　　　　　图 8-42　　　　　　　　　　图 8-43

步骤 3 选择"横排文字"工具 ，在属性栏中选择合适的字体并设置适当的文字大小，分别输入需要的白色和灰色文字，如图 8-44 所示，在"图层"控制面板中分别生成新的文字图层。旅游网页制作完成，效果如图 8-45 所示。

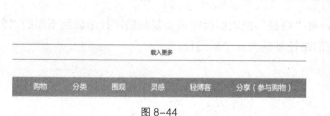

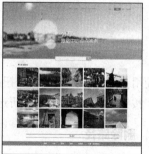

图 8-44　　　　　　　　　　　　　　　　图 8-45

8.1.4　【相关工具】

1. 路径控制面板

在新文件中绘制一条路径，再选择"窗口 > 路径"命令，弹出"路径"控制面板，如图 8-46 所示。

2. 新建路径

使用"路径"控制面板弹出式菜单：单击"路径"控制面板右上方的图标，弹出其下拉命令菜单。在弹出式菜单中选择"新建路径"命令，弹出"新建路径"对话框，如图 8-47 所示。单击"确定"按钮，"路径"控制面板如图 8-48

图 8-46

所示。

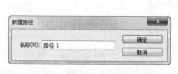

图 8-47　　　　　　　　　　　图 8-48

"名称"选项用于设定新路径的名称，可以选择与前一路径创建剪贴蒙版。

使用"路径"控制面板按钮或快捷键：单击"路径"控制面板中的"创建新路径"按钮，可以创建一个新路径；按住 Alt 键，单击"路径"控制面板中的"创建新路径"按钮，弹出"新建路径"对话框。

3. 复制路径

复制路径有以下两种方法。

使用"路径"控制面板弹出式菜单：单击"路径"控制面板右上方的图标，在弹出式菜单中选择"复制路径"命令，弹出"复制路径"对话框，如图 8-49 所示。"名称"选项用于设定复制路径的名称，单击"确定"按钮，"路径"控制面板如图 8-50 所示。

| 图 8-49 | 图 8-50 |

使用"路径"控制面板按钮：将"路径"控制面板中需要复制的路径拖放到下面的"创建新路径"按钮 上，就可以将所选的路径复制为一个新路径。

4. 删除路径

删除路径有以下两种方法。

使用"路径"控制面板弹出式菜单：单击"路径"控制面板右上方的 图标，在弹出式菜单中选择"删除路径"命令，将路径删除。

使用"路径"控制面板按钮：选择需要删除的路径，单击"路径"控制面板中的"删除当前路径"按钮 ，将选择的路径删除，或将需要删除的路径拖放到"删除当前路径"按钮 上，将路径删除。

5. 重命名路径

双击"路径"控制面板中的路径名，出现重命名路径文本框，改名后按 Enter 键即可，效果如图 8-51 所示。

图 8-51

6. 路径选择工具

路径选择工具用于选择一个或几个路径并对其进行移动、组合、对齐、分布和变形。启用"路径选择"工具 有以下两种方法。

选择"路径选择"工具 ，或反复按 Shift+A 组合键。其属性栏状态如图 8-52 所示。

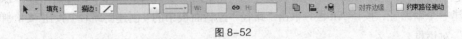

图 8-52

7. 直接选择工具

直接选择工具用于移动路径中的锚点或线段，还可以调整手柄和控制点。启用"直接选择"工具 有以下两种方法。

选择"直接选择"工具 ，或反复按 Shift+A 组合键。启用"直接选择"工具 ，拖曳路径中的锚点来改变路径的弧度，如图 8-53 所示。

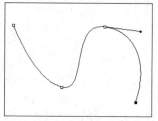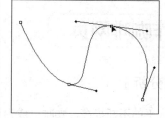

图 8-53

8. 矢量蒙版

原始图像效果如图 8-54 所示。选择"自定形状"工具 ，在属性栏中的"选择工具模式"选项中选择"路径"选项，在形状选择面板中选中"红心形卡"图形，如图 8-55 所示。

在图像窗口中绘制路径，如图 8-56 所示，选中"心形"，选择"图层 > 矢量蒙版 > 当前路径"命令，为"图层 1"添加矢量蒙版，如图 8-57 所示，图像窗口中的效果如图 8-58 所示。选择"直接选择"工具 可以修改路径的形状，从而修改蒙版的遮罩区域，如图 8-59 所示。

图 8-54   图 8-55

图 8-56   图 8-57   图 8-58   图 8-59

8.1.5 【实战演练】制作商城网页

使用矩形工具和图层样式命令制作下拉列表，使用直线工具和复制命令制作导航栏，使用图层蒙版和矩形工具制作主体图片，使用横排文字工具添加相关信息。最终效果参看光盘中的"Ch08 > 效果 > 制作商城网页"，如图 8-60 所示。

图 8-60

8.2　制作咖啡网页

8.2.1　【案例分析】

随着现代生活水平的不断提高，咖啡已成为许多人喜爱的必备饮品。本案例是为某食品公司制作的销售网页。要求除了体现出咖啡的口味特色外，还要达到推销产品和刺激消费者购买的目的。

8.2.2　【设计理念】

在设计制作过程中，页面使用暗沉的咖啡色作为主色调体现出低调的奢华感，营造出雅致宁静的氛围。高光部分的咖啡杯和咖啡照片在突出宣传主体的同时，能引起人们品尝的欲望。页面上方的导航栏设计简洁大方，有利于新人的浏览。页面下方对公司的业务信息和活动内容进行了灵活的编排，展示出宣传的主题。最终效果参看光盘中的"Ch08 > 效果 > 制作咖啡网页"，如图 8-61 所示。

图 8-61

8.2.3　【操作步骤】

1. 制作导航

步骤 1 按 Ctrl+O 组合键，打开光盘中的"Ch08 > 素材 > 制作咖啡网页 >01、02"文件。选择"移动"工具 ，将 02 图片拖曳到 01 图像窗口中，如图 8-62 所示。新建图层组并将其命名为"导航"。将前景色设为暗红色（其 R、G、B 的值分别为 35、19、0）。选择"矩形"工具 ，将属性栏中的"选择工具模式"选项设为"形状"，在图像窗口中绘制矩形，如图 8-63 所示。

图 8-62

图 8-63

步骤 2 单击"图层"控制面板下方的"添加图层样式"按钮 ，在弹出的菜单中选择"外发光"命令，弹出对话框，设置如图 8-64 所示。单击"确定"按钮，效果如图 8-65 所示。

步骤 3 在"图层"控制面板上方，将该图层的"不透明度"选项设为 60%，图像效果如图 8-66 所示。将前景色设为浅黄色（其 R、G、B 的值分别为 250、249、229）。选择"横排文字"工具 ，在属性栏中选择合适的字体并设置适当的文字大小，分别输入需要的文字，如图 8-67 所示，在"图层"控制面板中生成新的文字图层。

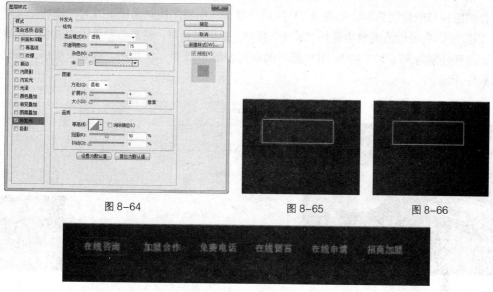

图 8-64　　　　　　　　　　图 8-65　　　　　　　图 8-66

图 8-67

步骤 **4**　选择"横排文字"工具 T，在属性栏中选择合适的字体并设置适当的文字大小，分别
输入需要的浅黄色和橘黄色（其 R、G、B 的值分别为 249、214、151）文字，如图 8-68 所
示，在"图层"控制面板中生成新的文字图层。用相同的方法输入下方的文字，如图 8-69
所示。

图 8-68

图 8-69

步骤 **5**　新建图层并将其命名为"矩形"，将它拖曳到文字图层下方。将前景色设为暗灰色（其
R、G、B 的值分别为 57、46、37）。选择"矩形"工具 ▣，将属性栏中的"选择工具模式"
选项设为"像素"，在图像窗口中绘制矩形，如图 8-70 所示。

图 8-70

2. 制作网页主体

步骤 **1**　新建图层组并将其命名为"网页主体"。新建"矩形"图层。选择"矩形"工具 ▣，

在图像窗口中绘制矩形，如图 8-71 所示。单击"图层"控制面板下方的"添加图层样式"按钮 fx.，在弹出的菜单中选择"描边"命令，弹出对话框，将描边颜色设为灰色（其 R、G、B 的值分别为 87、87、87），其他选项的设置如图 8-72 所示。单击"确定"按钮，效果如图 8-73 所示。

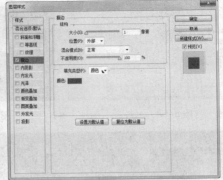

图 8-71　　　　　　　　　　　　图 8-72　　　　　　　　　　图 8-73

步骤 2　按 Ctrl+O 组合键，打开光盘中的"Ch08 > 素材 > 制作咖啡网页 > 03"文件。选择"移动"工具 ，将 03 图片拖曳到图像窗口中的适当位置，如图 8-74 所示，在"图层"控制面板中生成新的图层并将其命名为"图片 1"。按 Ctrl+Alt+G 组合键，为该图层创建剪贴蒙版，效果如图 8-75 所示。

步骤 3　新建图层并命名为"线"。将前景色设为灰色（其 R、G、B 的值分别为 87、87、87）。选择"直线"工具 ，将属性栏中的"选择工具模式"选项设为"像素"，"粗细"选项设为 2 像素，按住 Shift 键的同时，在图像窗口中绘制直线，如图 8-76 所示。

图 8-74　　　　　　　　　　　图 8-75　　　　　　　　　　图 8-76

步骤 4　选择"横排文字"工具 ，在属性栏中选择合适的字体并设置适当的文字大小，分别输入需要的白色和土黄色（其 R、G、B 的值分别为 164、150、118）文字，如图 8-77 所示。选取上方的文字。选择"文字 > 字符"命令，在弹出的面板中进行设置，如图 8-78 所示，效果如图 8-79 所示。用相同的方法调整下方的文字，如图 8-80 所示。

图 8-77　　　　　　　　图 8-78　　　　　　　　图 8-79　　　　　　　　图 8-80

步骤 5　在"图层"控制面板中，按住 Shift 键的同时，单击"矩形"图层，将两个图层之间的所有图层同时选取，按 Ctrl+G 组合键，将其编组并命名为"关于我们"。用相同的方法制作其他网页主体，效果如图 8-81 所示。

图 8-81

3. 制作网页信息

步骤 1　新建图层组并将其命名为"网页信息"。新建图层并命名为"线"。将前景色设为咖灰色（其 R、G、B 的值分别为 82、69、56）。选择"直线"工具 ，将属性栏中的"选择工具模式"选项设为"像素"，"粗细"选项设为 3 像素，按住 Shift 键的同时，在图像窗口中绘制直线，如图 8-82 所示。

步骤 2　选择"横排文字"工具 ，在属性栏中选择合适的字体并设置适当的文字大小，分别输入需要的文字，如图 8-83 所示，在"图层"控制面板中分别生成新的文字图层。

图 8-82　　　　　　　　　　　　　　　图 8-83

步骤 3　将前景色设为土色（其 R、G、B 的值分别为 131、122、109）。选择"自定形状"工具 ，将属性栏中的"选择工具模式"选项设为"形状"，单击"形状"选项右侧的按钮，在弹出的面板中单击右上方的 按钮，在弹出的菜单中选择"Web"命令，弹出提示框，单击"追加"按钮。在面板中选择需要的形状，如图 8-84 所示。在图像窗口中绘制形状，如图 8-85 所示。

图 8-84　　　　　　　　　　　　图 8-85

步骤 4　选择"移动"工具 ，按住 Alt 键的同时，将形状拖曳到适当的位置，效果如图 8-86 所示。用相同的方法复制多个图形，效果如图 8-87 所示。

图 8-86   图 8-87

步骤 **5** 按 Ctrl+O 组合键，打开光盘中的"Ch08 > 素材 > 制作咖啡网页 > 06"文件。选择"移动"工具 ，将图片拖曳到图像窗口中的适当位置，如图 8-88 所示，在"图层"控制面板中生成新的图层并将其命名为"信息搜索"。在控制面板上方将该图层的"不透明度"选项设为 20%，效果如图 8-89 所示。

图 8-88   图 8-89

步骤 **6** 选择"横排文字"工具 ，在属性栏中选择合适的字体并设置适当的文字大小，分别输入需要的砖灰色（其 R、G、B 的值分别为 198、184、168）文字，如图 8-90 所示。在"图层"控制面板中生成新的文字图层。咖啡网页制作完成，效果如图 8-91 所示。

图 8-90   图 8-91

8.2.4 【相关工具】

1. 图层组

当编辑多层图像时，为了方便操作，可以将多个图层建立在一个图层组中。

新建图层组有以下几种方法。

使用"图层"控制面板弹出式菜单：单击"图层"控制面板右上方的 图标，在弹出式菜单中选择"新建组"命令，弹出"新建组"对话框，如图 8-92 所示。

"名称"选项用于设定新图层组的名称；"颜色"选项用于选择新图层组在控制面板上的显示颜色；"模式"选项用于设定当前层的合成模式；"不透明度"选项用于设定当前层的不透明度值。单击"确定"按钮，建立如图 8-93 所示的图层组，也就是"组 1"。

使用"图层"控制面板按钮：单击"图层"控制面板中的"创建新组"按钮 ，将新建一个图层组。

使用"图层"命令：选择"图层 > 新建 > 组"命令，也可以新建图层组。

在"图层"控制面板中，可以按照需要的级次关系新建图层组和图层，如图 8-94 所示。

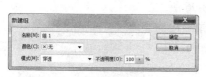

图 8-92

图 8-93

图 8-94

2. 恢复到上一步操作

在编辑图像的过程中可以随时将操作返回到上一步，也可以还原图像到恢复前的效果。

选择"编辑 > 还原"命令，或按 Ctrl+Z 组合键，可以恢复到图像的上一步操作。如果想还原图像到恢复前的效果，再次按 Ctrl+Z 组合键即可。

3. 中断操作

当 Photoshop CS6 正在进行图像处理时，如果想中断这次的操作，可以按 Esc 键。

4. 恢复到操作过程的任意步骤

在绘制和编辑图像的过程中，有时需要将操作恢复到某一个阶段。

"历史记录"控制面板可以将进行过多次处理操作的图像恢复到任一步操作前的状态，即所谓的"多次恢复功能"。其系统默认值为恢复 20 次及 20 次以内的所有操作，如果计算机的内存足够大的话，还可以将此值设置得更大一些。选择"窗口 > 历史记录"命令，系统将弹出"历史记录"控制面板。

在控制面板下方的按钮由左至右依次为"从当前状态创建新文档"按钮 、"创建新快照"按钮 和"删除当前状态"按钮 。

此外，单击控制面板右上方的 图标，系统将弹出"历史记录"控制面板的下拉命令菜单，如图 8-95 所示。

应用快照可以在"历史记录"控制面板中恢复被清除的历史记录。

在"历史记录"控制面板中单击记录过程中的任意一个操作步骤，图像就会恢复到该画面的效果。选择"历史记录"控制面板下拉菜单中的"前进一步"命令或按 Ctrl+Shift+Z 组合键，可以向下移动一个操作步骤；选择"后退一步"命令或按 Ctrl+Alt+Z 组合键，可以向上移动一个操作步骤。

图 8-95

在"历史记录"控制面板中选择"创建新快照"按钮 ，可以将当前的图像保存为新快照，新快照可以在"历史记录"控制面板中的历史记录被清除后对图像进行恢复。在"历史记录"控制面板中选择"从当前状态创建新文档"按钮 ，可以为当前状态的图像或快照复制一个新的图像文件。在"历史记录"控制面板中选择"删除当前状态"按钮 ，可以对当前状态的图像或快照进行删除。

中等职业教育数字艺术类规划教材

在"历史记录"控制面板的默认状态下，当选择中间的操作步骤后进行图像的新操作，那么中间操作步骤后的所有记录步骤都会被删除。

5. 动作控制面板

"动作"控制面板用于对一批需要进行相同处理的图像执行批处理操作，以减少重复操作带来的麻烦。选择"窗口 > 动作"命令，或按 Alt+F9 组合键，弹出如图 8-96 所示的"动作"控制面板。其中包括"停止播放 / 记录"按钮 ■、"开始记录"按钮 ●、"播放选定的动作"按钮 ▶、"创建新组"按钮 ▭、"创建新动作"按钮 ▣ 和"删除"按钮 🗑。

单击"动作"控制面板右上方的 ▼≣ 图标，弹出其下拉菜单，如图 8-97 所示。

图 8-96　　　　图 8-97

6. 创建动作

在"动作"控制面板中可以非常便捷地记录并应用动作。打开一幅图像，效果如图 8-98 所示。在"动作"控制面板的弹出式菜单中选择"新建动作"命令，弹出"新建动作"对话框，选项的设置如图 8-99 所示。单击"记录"按钮，在"动作"控制面板中出现"动作 1"，如图 8-100 所示。

图 8-98

图 8-99

图 8-100

在"图层"控制面板中新建"图层 1"，如图 8-101 所示。在"动作"控制面板中记录下了新建"图层 1"的动作，如图 8-102 所示。在"图层 1"中绘制出渐变效果，如图 8-103 所示。在"动作"控制面板中记录下了渐变的动作，如图 8-104 所示。

图 8-101

图 8-102

图 8-103

图 8-104

在“图层”控制面板的“模式”下拉列表中选择“正片叠底”模式，如图 8-105 所示。在“动作”控制面板中记录下了选择混合模式的动作，如图 8-106 所示。对图像的编辑完成后，效果如图 8-107 所示。在“动作”控制面板的弹出式菜单中选择“停止记录”命令，即可完成“动作 1”的记录，如图 8-108 所示。

图 8-105

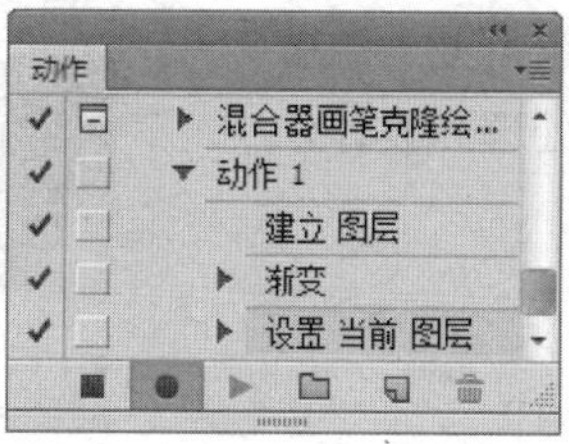

图 8-106

图 8-107

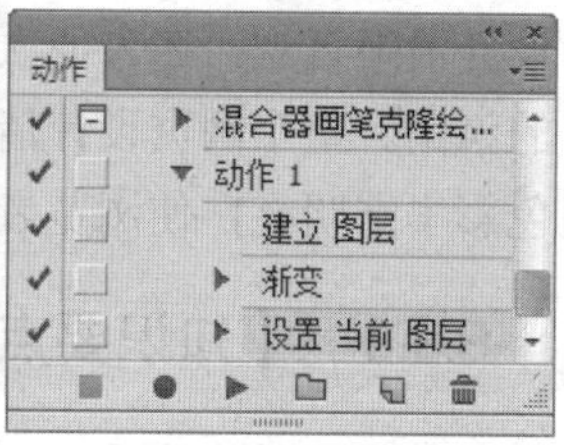

图 8-108

图像的编辑过程被记录在“动作 1”中，“动作 1”中的编辑过程可以应用到其他的图像中。打开一幅图像，效果如图 8-109 所示。在“动作”控制面板中选择“动作 1”，如图 8-110 所示。单击“播放选定的动作”按钮 ▶，图像编辑的过程和效果就是刚才编辑图像时的编辑过程和效果，如图 8-111 所示。

图 8-109

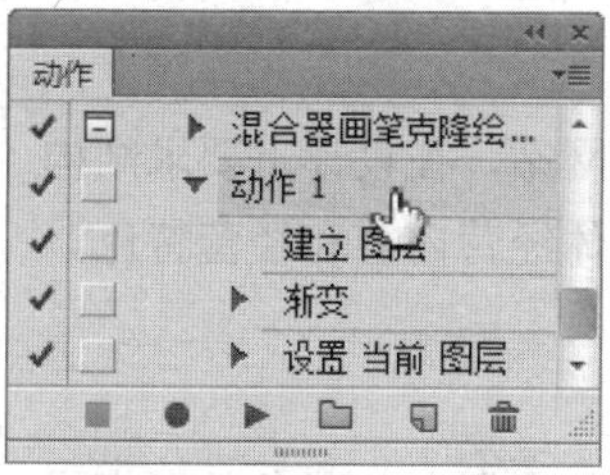

图 8-110

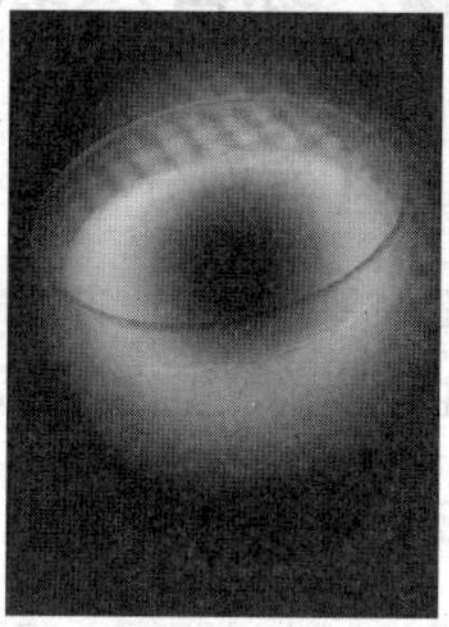
图 8-111

8.2.5 【实战演练】制作手机网页

使用圆角矩形工具和图层样式命令制作头部，使用横排文字工具、动感模糊和自定形状工具制作宣传语，使用图层蒙版和渐变工具制作图层蒙版。最终效果参看光盘中的“Ch08 > 效果 > 制作手机网页”，如图 8-112 所示。

图 8-112

8.3 综合演练——制作甜品网页

8.3.1 【案例分析】

甜品遭遇心情的时候，甜品已不仅仅是简单的味觉感受，更是一种精神享受，所以甜品对于大多数人来说就更具有意义。本案例是设计一个甜品网页，重点介绍甜品的种类及购买方式等。网页设计要求画面美观，视觉醒目。

8.3.2 【设计理念】

在设计制作过程中，浅淡的背景色带给人清凉、舒爽的感觉，与色彩艳丽的甜品形成对比，在展现美味可口的同时，突出网页设计的主体。上方的导航设计清晰直观，在方便人们浏览的同时，体现出可爱、温馨的氛围。整个网页设计清新醒目，注重细节的处理和设计，色彩丰富明亮，使浏览者赏心悦目、心情愉悦。

8.3.3 【知识要点】

使用矩形工具和画笔工具制作背景图形，使用横排文字工具和图层样式命令制作导航，使用圆角矩形和剪贴蒙版制作网页主体。最终效果参看光盘中的"Ch08 > 效果 > 制作甜品网页"，如图 8-113 所示。

图 8-113

8.4 综合演练——制作企业网页

8.4.1 【案例分析】

本案例是为某企业设计制作的网站，在设计上要求结构简洁，主题明确，能突出公司的整体经营内容和经营特色。

8.4.2 【设计理念】

在设计制作过程中，网页上方使用黑灰与紫色的渐变展示出低调的品质感。白色的主体内容区域带给人干净清爽的氛围，同时突出网页宣传的主体。简洁清晰的图片排列和文字介绍给人明确清晰、醒目直观的印象，宣传性强。整个页面简洁工整，体现了公司认真、积极的工作态度。

8.4.3 【知识要点】

使用横排文字工具制作企业宣传文字，使用矩形工具和剪贴蒙版制作主体图片，使用直线工具添加间隔线。最终效果参看光盘中的"Ch08 > 效果 > 制作企业网页"，如图 8-114 所示。

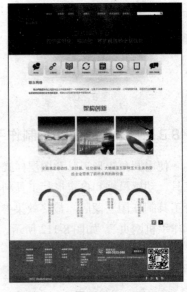

图 8-114

第9章 综合设计实训

本章的综合设计实训案例，是根据商业设计项目真实情境来训练学生如何利用所学知识完成商业设计项目。通过多个设计项目案例的演练，使学生进一步牢固掌握 Photoshop CS6 的强大操作功能和使用技巧，并应用好所学技能制作出专业的商业设计作品。

 案例类别

- 卡片设计
- 宣传单设计
- 广告设计
- 书籍装帧设计
- 包装设计

9.1 卡片设计——制作咖啡馆代金券

9.1.1 【项目背景及要求】

1. 客户名称

甜美时光咖啡馆

2. 客户需求

甜美时光咖啡馆以咖啡饮品为销售主体，要求为本店设计咖啡馆代金券，作为本店优惠活动及招揽顾客所用。咖啡馆的定位是时尚、雅致、品味，所以代金券的设计要与咖啡馆的定位吻合，体现咖啡馆的特色与品位。

3. 设计要求

（1）代金券设计要将咖啡作为画面主体，体现代金券的价值与内容。

（2）设计风格简洁时尚，画面内容要将代金券的要素全面地体现出来。

（3）要求使用低调奢华的颜色，以体现咖啡馆品位。

（4）设计规格均为 297mm（宽）×105mm（高），分辨率为 300dpi。

9.1.2 【项目创意及制作】

1. 设计素材

图片素材所在位置：光盘中的"Ch09 > 素材 > 制作咖啡馆代金券 > 01"。

2. 设计作品

设计作品效果所在位置：光盘中的"Ch09 > 效果 > 制作咖啡馆代金券"，如图 9-1 所示。

图 9-1

3. 步骤提示

步骤 1 选择"钢笔"工具 ，绘制形状和图形。调整图层的"不透明度"选项设置过渡图形，如图 9-2 所示。选择"钢笔"工具 绘制图案，选择"编辑 > 定义图案"命令定义图案，再选择"图层 > 新建填充图层 > 图案"命令填充图案，并改变填充选项，效果如图 9-3 所示。

图 9-2   图 9-3

步骤 2 选择"矩形"工具 和"直线"工具 绘制活动标签底图。选择"横排文字"工具 ，添加活动内容。选择"移动"工具 ，添加咖啡杯图片，如图 9-4 所示。

步骤 3 选择"横排文字"工具 添加宣传语。选择"文字 > 变形文字"命令变形文字。选择"选择 > 修改 > 扩展"命令扩展选区，并填充扩展文字，添加投影，效果如图 9-5 所示。

图 9-4   图 9-5

步骤 4 选择"矩形"工具 和"直线"工具 绘制副券底图。选择复制命令复制活动标签，如图 9-6 所示。

图 9-6

9.2 宣传单设计——制作汽车宣传单

9.2.1 【项目背景及要求】

1. 客户名称

焕动汽车集团

2. 客户需求

焕动汽车集团是以高质量、高性能的汽车产品闻名于世，该集团将推出最新优惠购车方式。要求制作针对本次活动的宣传单，能适用于街头派发、橱窗及公告栏展示，以宣传活动为主要内容，要求内容明确清晰。

3. 设计要求

（1）宣传单背景以焕动汽车为主，将主题与汽车相结合，相互衬托。

（2）文字设计要具有特色，在画面中视觉突出，将本次活动全面概括地表现出来。

（3）设计要求采用斜版的形式，形成视觉冲击，色彩对比强烈。

（4）宣传单设计能够带给观者速度与品质的品牌特色，并体现品牌风格。

（5）设计规格均为 200mm（宽）×104mm（高），分辨率为 300 dpi。

9.2.2 【项目创意及制作】

1. 设计素材

图片素材所在位置：光盘中的"Ch09 > 素材 > 制作汽车宣传单 > 01~04"。

2. 设计作品

设计作品效果所在位置：光盘中的"Ch09 > 效果 > 制作汽车宣传单"，如图 9-7 所示。

图 9-7

3. 步骤提示

步骤 1 新建文件。选择"移动"工具 🕂，将素材图片分别拖曳到适当的位置，如图 9-8 所示。添加素材并使用"图层"混合模式制作光效果，如图 9-9 所示。

图 9-8　　　　　　　　　　　　　　　　　　图 9-9

步骤 2 选择"矩形"工具 ▭，绘制不同颜色的矩形形状，并分别将其倾斜到需要的角度，如图 9-10 所示。选择"移动"工具 🕂，添加素材并制作图层样式，效果如图 9-11 所示。

图 9-10　　　　　　　　　　　　　　　　　　图 9-11

步骤 3 选择"横排文字"工具 T，分别输入需要的点文本和段落文本，并分别选取需要的文本图层添加图层样式，如图 9-12 所示。选择"椭圆"工具 ⬤ 和"矩形"工具 ▭ 绘制标志图形。选择"自定形状"工具 ✿，添加注册图标，如图 9-13 所示。

图 9-12　　　　　　　　　　　　　　　　　　图 9-13

9.3　广告设计——制作促销广告

9.3.1　【项目背景及要求】

1. 客户名称

百会网

2. 客户需求

百会网是网购零售平台，提供各类服饰、美容、家居、数码、图书、食品等零售服务，目前推出最新的促销服务。要求制作针对本次活动的宣传广告，能适用于街头派发、橱窗及公告栏展示，以宣传促销活动为主要内容，要求内容明确清晰。

3. 设计要求

（1）广告背景醒目抢眼，通过对局部高光的处理起到衬托的作用。
（2）文字设计要具有特色，在画面中视觉突出，将本次活动全面概括地表现出来。
（3）设计要求采用竖版的形式，色彩对比强烈，形成视觉冲击。
（4）广告设计能够带给观者品质感，并能体现网站风格。
（5）设计规格均为 210mm（宽）×297mm（高），分辨率为 300 dpi。

9.3.2 【项目创意及制作】

1. 设计素材

图片素材所在位置：光盘中的"Ch09 > 素材 > 制作促销广告 > 01~08"。

2. 设计作品

设计作品效果所在位置：光盘中的"Ch09 > 效果 > 制作促销广告"，如图 9-14 所示。

图 9-14

3. 步骤提示

步骤 ①　选择"渐变"工具▓，设置渐变填充"背景"图层，使用图层蒙版和"画笔"工具✎制作背景图片，选择"钢笔"工具✐和不透明度制作中心的装饰形状，如图 9-15 所示。选择"移动"工具▸◂和图层的混合模式制作背景的高光，如图 9-16 所示。

图 9-15

图 9-16

步骤 ②　选择"移动"工具▸◂添加礼物和光晕图形，并使用图层混合模式编辑光晕，制作出如图 9-17 所示的效果。添加文字并使用图层样式编辑促销文字，如图 9-18 所示。

图 9-17　　　　　　　　　　图 9-18

步骤 3 选择"多边形"工具 ◉ 和"椭圆"工具 ◉ 绘制标牌底图。选择"横排文字"工具 T 添加文字，如图 9-19 所示。再次添加网站名称并选择"自定形状"工具 ✿ 添加注册图标，如图 9-20 所示。

图 9-19　　　　　　　　　　图 9-20

步骤 4 选择"椭圆"工具 ◉ 为产品图片添加底图，选择"横排文字"工具 T 添加促销信息，如图 9-21 所示。选择"移动"工具 ⊕ 和图层样式制作线条，如图 9-22 所示。

图 9-21　　　　　　　　　　图 9-22

9.4 　书籍装帧设计——制作青年读物书籍封面

9.4.1 【项目背景及要求】

1. 客户名称

安氏图书文化有限公司

2. 客户需求

《那年我们的秘密有多美》是一本青春爱情故事书，以颠覆传统的形式诠释青春的悲喜，要求为该书籍设计封面，设计元素要符合青春的特点，还要突出颠覆传统的书籍特色，避免出现其他书籍成人化的现象。

3. 设计要求

（1）书籍封面的设计要有青年书籍的风格和特色。

（2）设计要求具有时代感，体现出怀旧、青春、美好的特点。

（3）画面色彩要符合青年人的喜好，用色恬淡舒适，在视觉上能吸引人们的眼光。

（4）要留给人想象的空间，使人产生向往之情。

（5）设计规格均为 225mm（宽）×148mm（高），分辨率为 300 dpi。

9.4.2 【项目创意及制作】

1. 设计素材

图片素材所在位置：光盘中的"Ch09 > 素材 > 制作青年读物书籍封面 > 01~04"。

2. 设计作品

设计作品效果所在位置：光盘中的"Ch09 > 效果 > 制作青年读物书籍封面"，如图 9-23 所示。

图 9-23

3. 步骤提示

步骤 1 选择"移动"工具 ⊕ 添加背景图片和人物，如图 9-24 所示。选择"直排文字"工具 IT，添加书名和作者信息，选择"直线"工具 ╱ 和"椭圆"工具 ◯，绘制分隔线和文字底图，如图 9-25 所示。

图 9-24   图 9-25

步骤 2 选择"圆角矩形"工具 ▣绘制标志底图，选择"移动"工具 ▸₊添加标志图形。并复制书名，效果如图 9-26 所示。选择"横排文字"工具 T 添加出版信息，如图 9-27 所示。

图 9-26   图 9-27

步骤 3 选择"矩形"工具 ▣绘制腰封底图，并复制标志图形，如图 9-28 所示。选择"横排文字"工具 T 添加腰封的相关内容，如图 9-29 所示。

图 9-28   图 9-29

9.5 包装设计——制作茶叶包装

9.5.1 【项目背景及要求】

1. 客户名称

北京青峰茶魂有限公司

2. 客户需求

北京青峰茶魂有限公司生产的茶叶均选用上等原料并采用独特的加工工艺，以其"汤清、味浓，入口芳香，回味无穷"的特色，深得国内外茶客的欢迎。公司要求制作新出品的茶叶包装，此款茶叶面向的是成功的商业人士，所以茶叶包装要求具有收藏价值，并且能够弘扬发展茶文化。

3. 设计要求

（1）要求设计人员深入了解茶叶文化，根据其文化渊源进行设计，体现人文特色。
（2）包装设计要具有中国传统的文化内涵，以古典图案作为包装的元素，在包装上有所体现。
（3）要求用色沉稳浓厚，体现茶叶的内在价值。

（4）以真实简洁的方式向观者传达信息内容。

（5）设计规格均为 185mm（宽）×127mm（高），分辨率为 300 dpi。

9.5.2　【项目创意及制作】

1. 设计素材

图片素材所在位置：光盘中的"Ch09 > 素材 > 制作茶叶包装 > 01~06"。

2. 设计作品

设计作品效果所在位置：光盘中的"Ch09 > 效果 > 制作茶叶包装"，如图 9-30 所示。

图 9-30

3. 步骤提示

步骤 1　选择"移动"工具 ，分别添加素材图片制作盒盖平面图。选择"椭圆"工具 绘制椭圆，并设置图层混合模式和不透明度制作马车投影，效果如图 9-31 所示。选择"移动"工具 和"直排文字"工具 制作茶罐平面图，如图 9-32 所示。

图 9-31 　　　　　　　　　　　　　　　　图 9-32

步骤 2　选择"移动"工具 ，添加包装底图和包装盒盒底，如图 9-33 所示。将茶罐平面图合并分别选择需要的图形，变换得到茶罐。再使用曲线和色相/饱和度调整层调整颜色。选择"画笔"工具 绘制阴影，效果如图 9-34 所示。

中等职业教育数字艺术类规划教材

图 9-33

图 9-34

步骤 ③ 复制茶罐图形，如图 9-35 所示。将盒盖平面图合并并变换制作盒顶。选择"钢笔"工具 和 "渐变" 工具 绘制盒边图形并添加投影，再绘制高光图形，效果如图 9-36 所示。

图 9-35

图 9-36